NCS 기반

제 2 판

Semiconductor Backend Processing Equipment

반도체 후공정장비

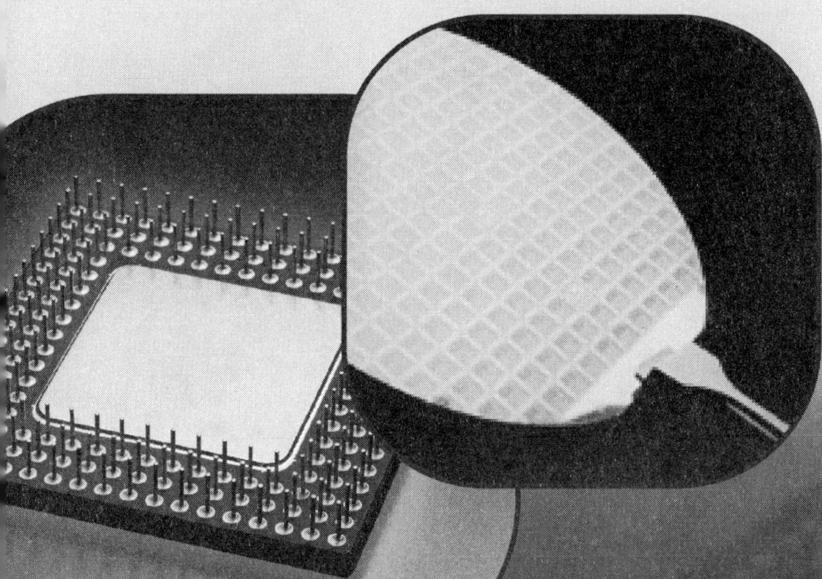

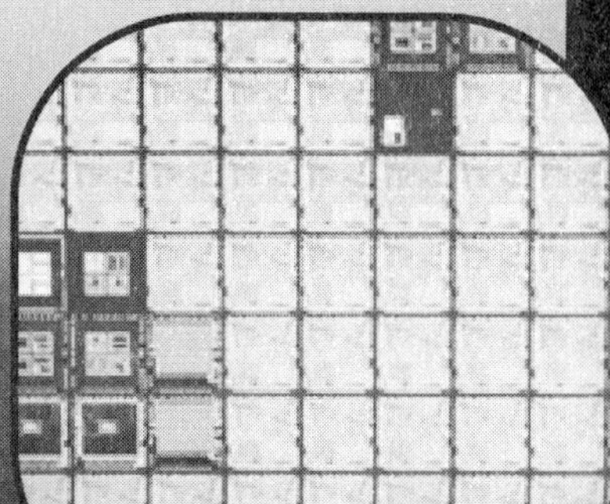

이 혁 / 신동길 / 김덕영 / 성홍석 / 이종성 공저

B.C.Info

PREFACE

반도체산업은 인간생활을 변화시킬 수 있는 혁신제품의 창출을 주도하여 새로운 디지털 생활환경을 창출한다. 1958년 IC(집적회로)가 최초로 발명된 이후로 1981년 PC, 1987년 핸드폰, 1997년 디지털TV 등의 새로운 첨단산업을 창출하는 핵심요소로서의 역할하고 있다. 최근에는 IT기기에 이어 생활주변의 모든 사물에 확대 적용되며 새로운 생활의 필수품화가 되고 있다. 이제 반도체 산업분야는 이미 우리나라의 성장 동력산업으로서 미래 산업사회를 주도할 핵심기술로 대두되고 있으며, LED, 태양광용 솔라셀 제조분야까지 기술이 확장되어 전문지식을 갖춘 고급인력 뿐 아니라 전문기능 인력의 양성이 필수적으로 요청되고 있는 실정이다.

본 교재는 반도체 생산 공장에서 운영되고 있는 첨단의 반도체 장비가 최적의 운영상태가 되도록 하기 위하여 반도체 장비를 유지/점검하고, 고장을 방지하기 위한 사전 예방활동 등을 수행하며, 나아가 장비를 직접 운용 · 조립하는 업무 등을 수행할 수 있도록 실무 지식 및 기술에 관한 이론과 실습으로 구성된 교재이다.

반도체 후공정장비 교과는 반도체 생산순서 중 전공정 단계에서 웨이퍼가 만들어진 후 이루어지는 웨이퍼 백 그라인딩공정, 웨이퍼 소잉 공정, 다이본딩 공정, 와이어 본딩공정, 몰딩 공정, 솔더볼 접합 공정, 마킹 공정 등 후공정 실무에서 사용되는 중요 반도체 장비를 익힐 수 있도록 구성하였다. 각 장마다 공정개요, 주요장비의 소개 및 구성, 모듈별 기능 등과 함께 불량사례, 대처방법 등을 실어 실무에 근접하도록 내용을 구성하였다. 특히 후공정분야는 전공정에 비해 소홀히 여겨지던 과거와는 달리 최근 들어 그 중요성이 크게 부각되고 있다.

이 책을 통하여 반도체 후공정 장비의 구조 및 기능, 유지보수에 관련된 이론과 기술등이 소개되고, 반도체 산업의 중심이 되는 반도체장비 제조운영 기술자 양성에 조금이라도 도움이 되길 저자 일동은 기대한다.

2012. 1.10.

저자 일동

CONTENTS

웨이퍼 백 그라인딩 공정

(Wafer Back Grinding)

01

Chapter

01 Chapter

웨이퍼 백 그라인딩 공정 (Wafer Back Grinding)

1. 웨이퍼 백 그라인딩 공정 소개

웨이퍼 백 그라인딩(웨이퍼 Back Grinding) 공정은 웨이퍼 두께를 패키지 규격에 맞도록 하기 위해 웨이퍼의 뒷면을 연마하여 원하는 두께를 만드는 공정이다. 전처리 공정에서 사용되는 웨이퍼의 두께는 일반적으로 750um 정도이며, 원하는 두께의 반도체 제품을 만들기 위해서는 웨이퍼를 일정한 두께로 갈아내야 한다.

최근 보편화되고 있는 스마트폰이 다기능화 되고 고집적화 되면서도 얇은 두께를 유지할 수 있는 것은 반도체 패키지 기술이 발전하고 있기 때문이다. 반도체 제품은 더 얇게, 더 많이 쌓는 기술의 경쟁이 이루어지고 있는데 이러한 제품을 구현하기 위해서는 백 그라인딩 기술이 발전해야 한다.

스마트폰에 들어가는 메모리 제품은 칩을 4층으로 쌓아서 조립하는 MCP (Multi-Chip Package)제품이 주로 사용되고 있는데, 이 때 칩의 두께를 80um로 하여 조립을 하게 된다. 플래쉬 메모리를 사용하는 USB 제품의 경우 메모리 칩을 여러층으로 쌓아서 고용량을 구현하는데, 32GByte 제품의 경우 4GByte 용량의 칩을 8층으로 쌓아서 조립한다. 이 경우 칩의 두께는 75um 정도가 되므로 750um의 웨이퍼를 1/10의 두께로 갈아내는 백 그라인딩 공정이 필요하다. 현재 기술로 구현이 가능한 최대의 두께는 10~15um 정도로 추산하고 있다.

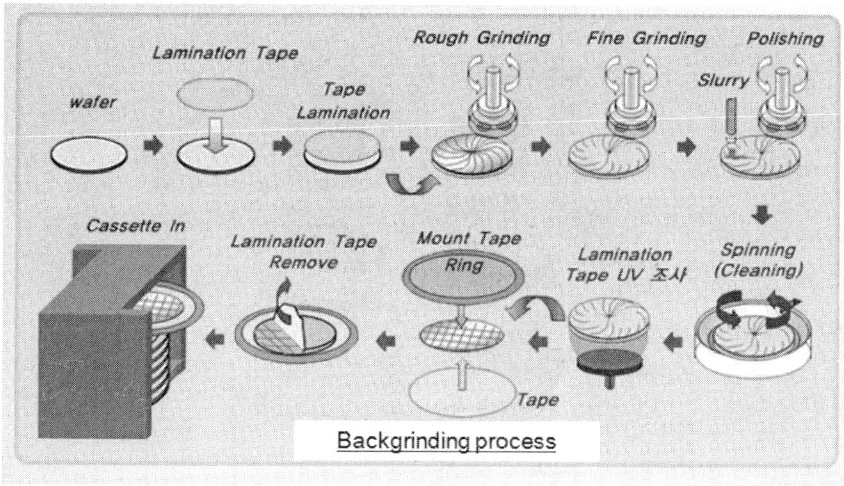

그림 1-1 백 그라인딩 공정소개

웨이퍼 백 그라인딩 공정은 크게 레미네이션(lamination) 공정, 웨이퍼 백그라인딩 공정, 웨이퍼 마운팅(mounting) 공정으로 나눌 수 있는데, 레미네이션 공정은 웨이퍼의 회로 층을 외부 충격으로부터 보호하기 위해 테이프를 붙이는 공정이고, 웨이퍼 백 그라인딩은 라미네이션이 끝난 웨이퍼의 뒷면(패턴면 반대부분)을 연삭하는 공정이며, 웨이퍼 마운팅 공정은 연삭한 웨이퍼 뒷면에 다시 다이싱 테이프를 붙여주는 공정이다.

※ 레미네이션 공정소개

레미네이션 공정은 웨이퍼의 백 그라인딩을 진행하기 전에 그라인딩을 진행하는 동안 발생하는 외부 하중으로부터 웨이퍼의 회로층을 보호하기 위해 테이프를 붙이는 공정으로 전용장비에서 이루어진다.

< Step 1> < Step 2> < Step 3>

그림 1-2 레미네이션 공정순서

그림 1-3 레미네이션 장비

레미네이션 공정은 전용장비에서 웨이퍼를 작업 테이블에 정정시킨 후 웨이퍼의 패턴 면을 보호하기 위해 테이프를 붙이고, 테이프를 웨이퍼의 외각선을 따라 자르는 공정으로 마무리된다.

그림 1-4 레미네이션 공정 순서

레미네이션 테이프는 UV 테이프와 Non UV 테이프, 그리고 범프(bump) 테이프로 나눌 수 있다. UV 테이프는 UV가 조사되기 이전에는 웨이퍼에 강한 접착력을 가져서 충격 흡수가 용이하며 UV를 조사하면 접착력이 약해져서 백 그라인딩 후 웨이퍼로부터 오염물질을 잔류시키지 않고 쉽게 띄어 낼 수 있는 장점을 가지고 있다. Non UV테이프는 UV 테이프보다 낮은 접착력을 가지고 있다. 범프 테이프는 70~200um 높이의 범프를 가지는 웨이퍼에 사용되며 일반 테이프가 130~180um의 두께를 가지는 반면, 범프 테이프는 230um 이상의 두께를 가진다.

그림 1-5 레미네이션 테이프

레미네이션 테이프는 웨이퍼의 표면을 잘 보호해야 하며 레미네이션 작업 전 웨이퍼 검사 시 웨이퍼의 회로층이 떨어져 있거나 웨이퍼가 깨져 있으면 불량으로 처리한다. 레미네이션 작업 후 웨이퍼 검사 시 레미네이션 테이프와 웨이퍼사이에 1mm를 넘는 기포가 있으면 불량으로 처리한다. 이 경우 테이프와 웨이퍼를 분리한 후 재 작업을 실시한다. 또한 웨이퍼의 끝 부분에 잔류한 테이프의 끝부분의 길이가 1mm 이상이면 불량으로 처리하여 재작업을 실시한다.

2. 웨이퍼 백 그라인딩 공정 장비

레미네이션이 끝난 웨이퍼는 뒷면(패턴면 반대부분)을 연삭하는 백 그라인딩 공정을 진행한다. 웨이퍼 백 그라인딩 장비는 웨이퍼를 그라인딩 하는 부분과 그라인딩 된 웨이퍼를 테이프로 마운팅하는 부분이 하나의 설비로 이루어져 있다.

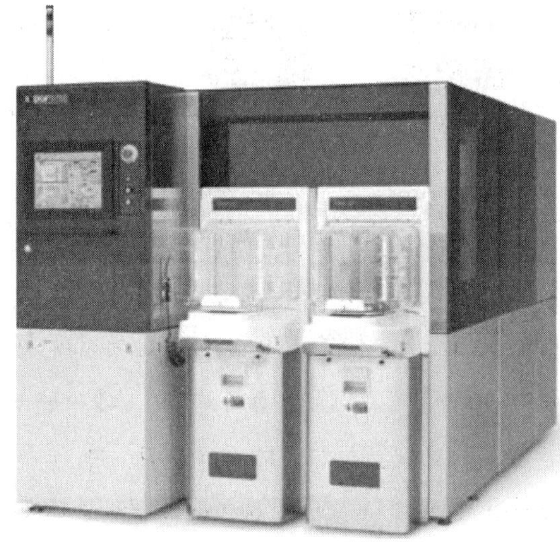

그림 1-6 웨이퍼 백 그라인딩 장비

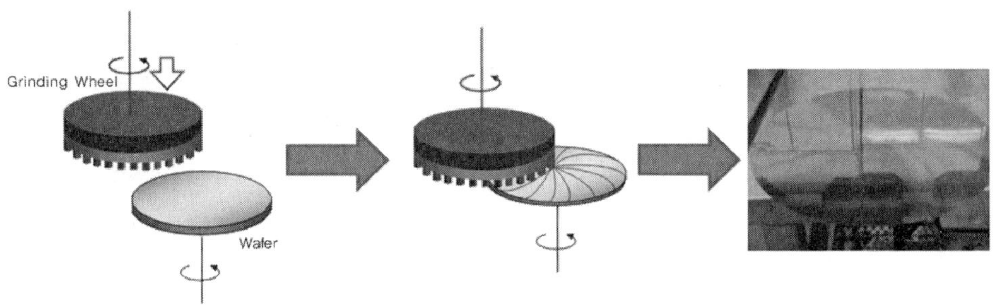

그림 1-7 웨이퍼 백 그라인딩 순서

(1) 웨이퍼 백 그라인딩 장비의 구성

웨이퍼 백 그라인딩 장비는 웨이퍼를 그라인딩 하는 부분과 그라인딩된 웨이퍼를 테이프로 마운팅하는 부분이 하나의 설비로 이루어져 있다.

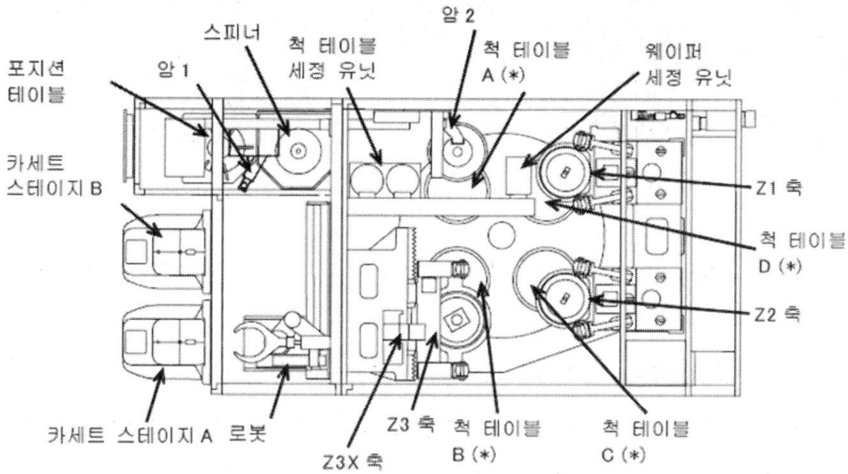

그림 1-8 장비 구성

(2) 공정 순서

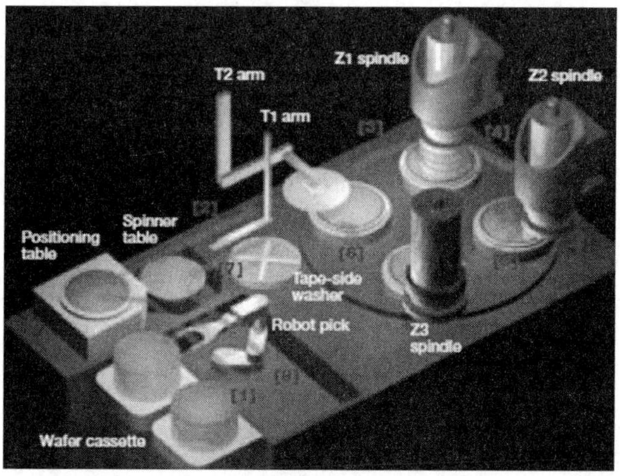

그림 1-9 백그라인딩 공정

① 레미네이션이 완료 된 웨이퍼가 들어있는 캐리어(Carrier)를 카세트 스테이지(Cassette stage)부에 넣고 가동 시작하면 로봇(Robot)부에서 웨이퍼를 인식하여 아래 장부터 한 장씩 적재한다(Loading).

그림 1-10 웨이퍼 카세트에서 척 테이블까지의 공정

② 로딩 된 웨이퍼는 로봇에 의해 카세트에서 포지셔닝 테이블에 놓여진 후 웨이퍼의 위치를 결정하게 된다.

③ T1 arm이 웨이퍼를 척 테이블에 놓는다. 웨이퍼가 척 테이블에 놓여지기 전에 척 테이블(Chuck table) 세정 유닛의 브러시와 오일 스톤에 의해 척 테이블이 세정된 후 척 테이블에 웨이퍼가 놓여진다.

④ 12인치 웨이퍼의 두께는 870um 정도로 두꺼우므로 원하는 두께에 근접할 때 까지는 #300~#500 정도의 메쉬를 이용하여 1차 그라인딩을 진행하고, 원하는 두께 근처에 약 20um정도 근접해서는 #2000 정도의 메쉬를 이용하여 세밀하게 2차 그라인딩을 진행한다. 백그라인딩 공정은 Z1, Z2, Z3의 3개 공정으로 나뉘어지며, 각 공정은 거칠기가 다른 휠을 사용하여 진행한다. 척 테이블에 놓여진 웨이퍼는 Z1으로 이동되며 모터가 Z1 축을 상, 하, 좌, 우로 요동시켜 휠(휠)이 회전 되면서 거칠게 연마가 시작 된다. 백그라인딩은 그라인딩 휠이 회전하면서 웨이퍼의 면을 갈아내는 공정이다. 모든 공정은 웨이퍼를 같은 척 테이블에 올린 채로 진행된다. Z1 공정은 1차 그라인딩을 수행하며 목표 두께보다 20um 이상의 두께까지 그라인딩을 진행한다.

구 분	1차 그라인딩 (Rough Grinding)	2차 그라인딩 (Fine Grinding)	폴리싱 (Polishing)
Grinding 단계			
가공량	필요량	20μm 이내	1~2μm 이내
Mesh	#300~500	#2000	Slurry+DI Water

그림 1-11 백 그라인딩 종류 소개

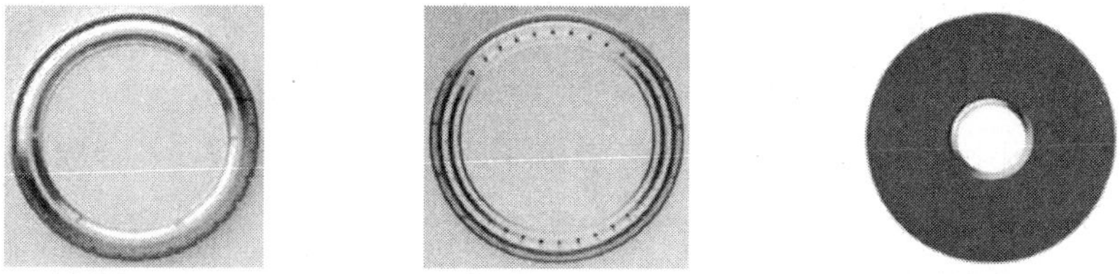

< Z1 Wheel >　　< Z2 Wheel >　　< Z3 Wheel >

그림 1-12 백 그라인딩 휠

⑤ Z1의 연마가 끝나면 턴 테이블에 의해 척 테이블이 Z2로 이동되며, 모터가 Z2 축을 상, 하로 이동 시키면서 Fine하게 연삭이 시작 된다. Z2공정은 세밀한 그라인딩을 수행하며 목표 두께에 1~2um 정도 근접할 정도까지 진행한다.

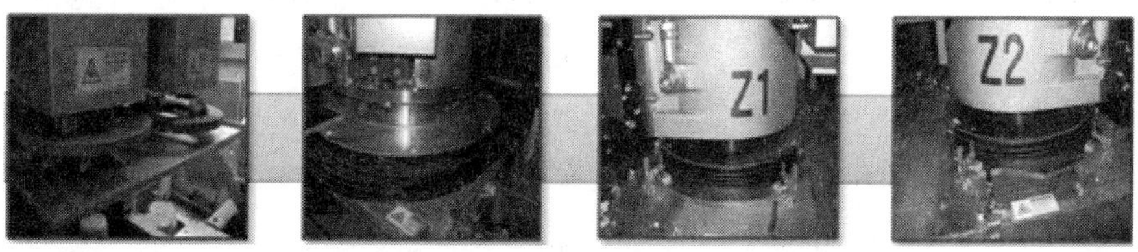

그림 1-13 백 그라인딩 공정 진행 순서

⑥ Z2의 연삭이 끝나면 역시 턴 테이블에 의해 척 테이블이 Z3로 이동되어 거친 표면을 부드럽게 다듬는 폴리싱 연삭이 시작 된다. 폴리싱 공정은 일반적으로 CMP(Chemical Mechanical Polishing)공정, 또는 건식 폴리싱 공정으로 분류할 수 있다. 폴리싱 과정을 통해 웨이퍼의 면이 거울면이 되면서 균열 등의 결함에 강해진다. 폴리싱은 탈 이온수(D.I. water)와 슬러리(Slurry)를 이용하여 수행한다. CMP(Chemical Mechanical Polishing) 방법의 경우 탈이온수와 슬러리를 이용하여 제품의 표면을 폴리싱하게 된다.

건식 폴리싱의 경우 슬러리 없이 탈 이온수 만을 이용하여 폴리싱하게 된다. 습식 에칭의 경우 화학물질을 이용하여 웨이퍼의 일부를 녹인 후 폴리싱하는 방법으로 단계는 질산(HNO_3) Oxidation 프로세스로, 2단계는 HF etches silicon oxide (reduction process)로 진행한다.

$$Si+2HNO_3+6HF+H_2O \quad H_2SiF_6+2H_2O+(HNO_3+H_2)$$

> **Tip**
> 슬러리(Slurry)
> 반도체 웨이퍼 가공 등에 사용되는 연마제가 들어간 액체

Tip
실리카(Silica)
이산화규소, SiO_2 모래나 석영 등의 주요 구성분

건식 에칭의 경우는 CMP와 유사하게 실리카 어브레시브 패드(Silica abrasive pad)를 사용하지만 슬러리는 사용하지 않는다. 플라즈마와 반응 가스인 SF_6를 이용하여 진공 챔버에서 반응이온 에칭을 수행한다.

Process	CMP	습식 식각 (Wet Etching)	건식 식각 (Dry Etching)	건식 폴리싱 (Dry Polishing)
 TEM photo Figure	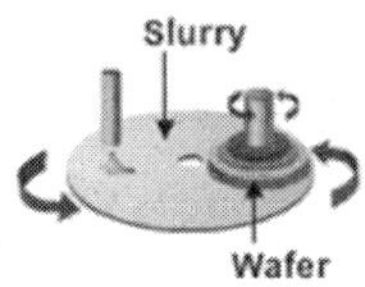	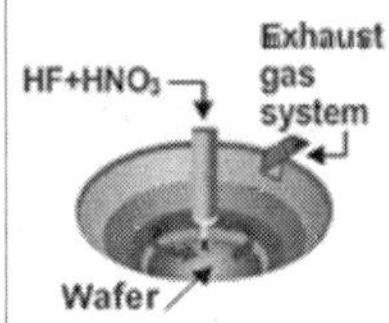	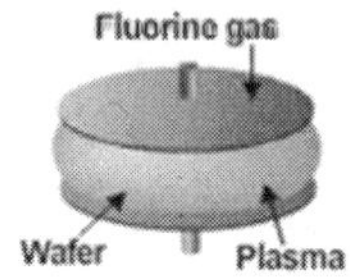	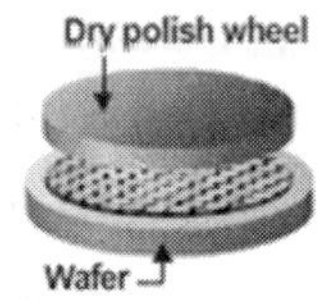
Reactive material	Slurry	$HF+HNO_3$ $+CH_3CO_2H$	Fluorine ges	Sikica abrasie
Etching rate	1um/min	>10um/min	2um/min	1um/min
Productivity	Low	High	High	Good
Die strength	Good	Good	Good(DBG)	Good
Environmental	Slurry management	NOx	SF_6	Very good
Running cost	High/Medium	High	Low	Very low

그림 1-14 폴리싱 공정비교

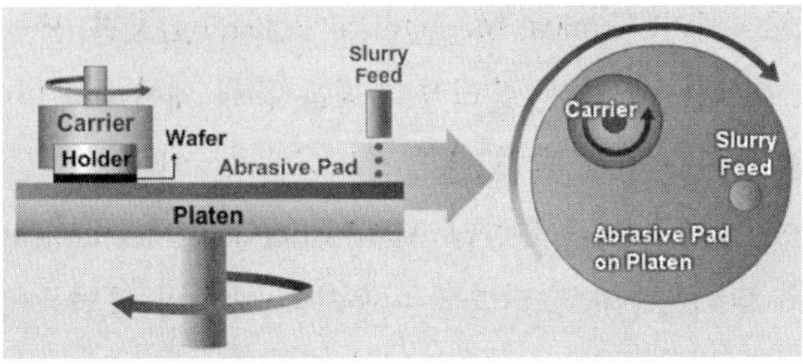

그림 1-15 폴리싱 공정의 개념도

⑦ 마지막 연삭이 끝난 웨이퍼는 세정 유닛이 웨이퍼 뒷면에 남아있던 이물질을 유체 노즐을 사용하여 세정 하고 세정이 완료 된 웨이퍼는 T2 Arm에 의하여 스핀너 테이블(Spinner Table)로 이동되어 물 세정 및 공기 건조가 진행된다.

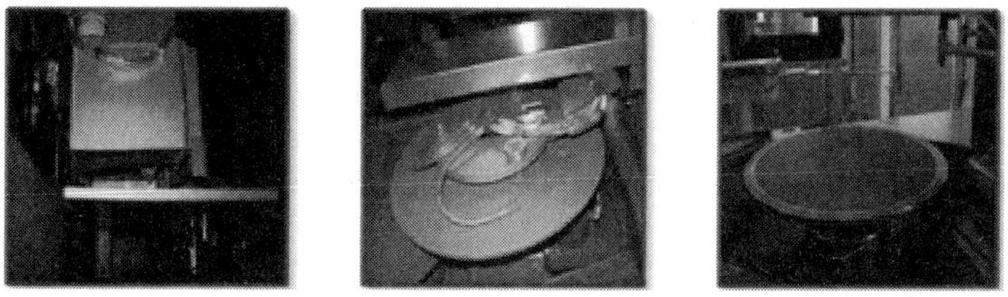

그림 1-16 스피너 테이블

⑧ 로봇이 웨이퍼를 스피너 테이블에서 카세트로 옮긴다.

(3) 웨이퍼 두께 50um이하의 백그라인딩 공정 소개

두께 50um 이하의 웨이퍼로 백 그라인딩 하기 위해서는 특별한 방법을 도입해야 한다. 첫 번째가 DBG(Dicing Before Grind) 방법이고 두 번째가 WSS(웨이퍼 Support System)이다.

> **Tip**
>
> **소잉공정(Sawing)**
> 다이싱(Dicing) 공정이라고도 하며, 웨이퍼를 개별 칩 단위로 분리하는 공정, 2장에서 설명
>
> **다이본딩(Die bonding)**
> 낱개의 칩을 리드 프레임에 장착시키는 공정

① DBG 방법은 웨이퍼 백그라인딩을 하기 전에 웨이퍼 표면에 sawing 블레이드를 이용하여 웨이퍼 두께의 절반 정도를 절단하고 웨이퍼 표면에 레미네이션을 한 후 뒷변을 갈아내는 방법이다. 웨이퍼 백그란딩을 마친 후에는 레이저를 이용하여 웨이퍼 소잉을 하여 칩을 개별화 한다. DAF(Die Attach Film)을 이용하여 다이본딩을 진행하게 된다.

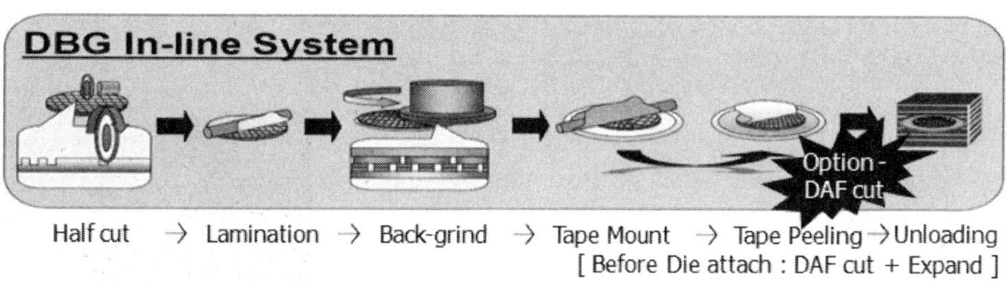

그림 1-17 DBG(Dicing Before Grinding) 공정 소개

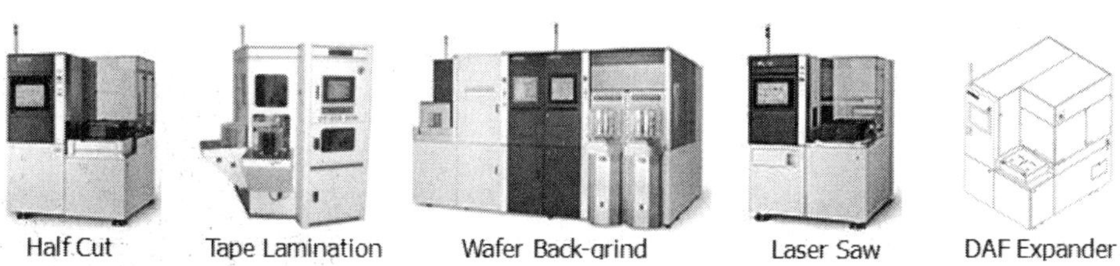

그림 1-18 백그라인딩 공정

② WSS(웨이퍼 Support System) 방법은 유리 평판과 같은 딱딱한 보조물을 웨이퍼에 부착하여 웨이퍼의 뒷면을 평평하게 갈아내는 방법이다. 이 후에는 유리에서 웨이퍼를 떼어 내는 방법으로 얇은 웨이퍼를 얻어낼 수 있다.

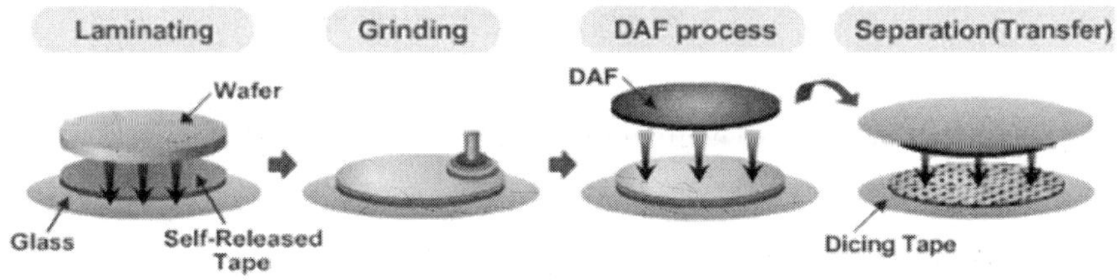

그림 1-19 웨이퍼 서포트 시스템 (WSS) 이용 공정

(4) 모듈별 기능

① 카세트 스테이지

웨이퍼 카세트(웨이퍼 카세트)를 놓는 스테이지

② 로봇

가공 전의 웨이퍼를 캐리어에서 꺼내어 위치 테이블로 반송 및 가공 후 스피너(Spinner) 테이블로 이동시킨다.

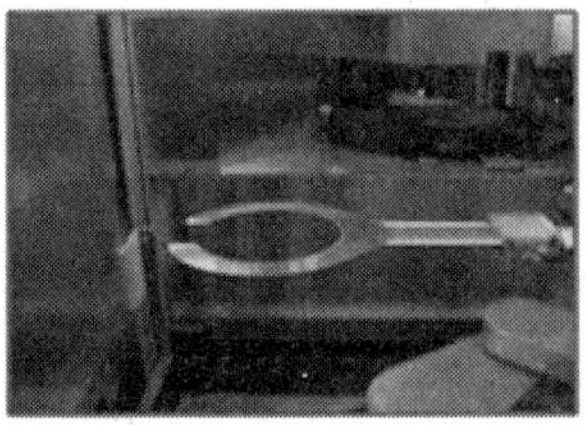

③ 암(Arm)1

가공 전의 웨이퍼를 포지션 테이블에서 척 테이블로 이동 시킨다.

④ 포지션 테이블

웨이퍼의 중심점을 맞춘다.

⑤ 척 테이블

테이블이 회전하면서 웨이퍼를 가공한다.

⑥ Z2 축

스핀들(Spindle)에 장착한 휠을 회전시켜 웨이퍼를 연삭한다.

⑦ Z3 X축

웨이퍼 연마 중에 Z3 축을 요동 시킨다.

⑧ Z3 축

스핀들(Spindle)에 장착한 휠을 회전시켜 웨이퍼를 연마한다.

⑨ 척 테이블 세정 유닛

브러쉬(Brush) 및 오일 스톤(Oil Stone)을 사용하여 척 테이블을 세정한다.

⑩ 웨이퍼 세정 유닛

유체 노즐을 사용하여 가공 후의 웨이퍼를 세정한다.

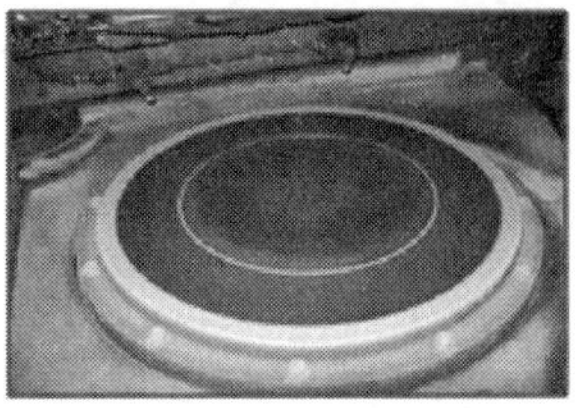

⑪ 암(Arm)2

가공 후의 웨이퍼를 척 테이블에서 스피너 테이블로 반송한다.

⑫ 스피너 테이블

가공 후 웨이퍼의 물 세정 및 공기 건조를 실시한다.

⑬ 건식 폴리싱 연마패드

건식 폴리싱을 수행하는 패드

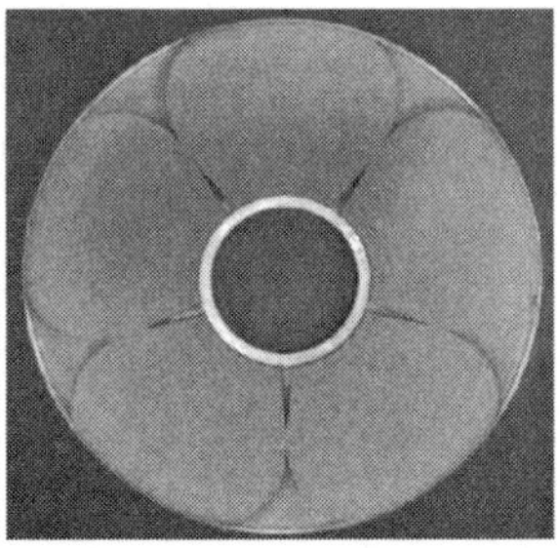

3. 테이프 마운팅 장비 구조 및 모듈별 기능

1) 장비의 구조

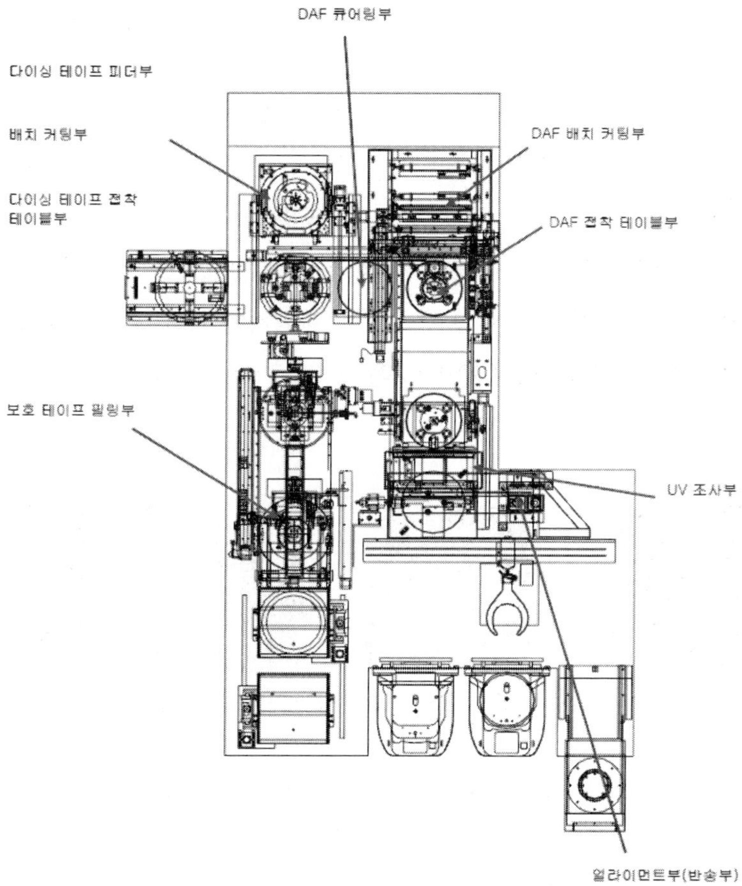

그림 1-20 테이프 마운팅 장비

2) 공정 순서

① 백 그라인딩 장비에서 에어 건조까지 끝난 웨이퍼는 웨이퍼 마운팅 장비에 있는 로봇에 의해 UV조사 부로 이동되어 레이네이션 테이프의 접착력을 없애기 위해 UV 가 조사된 후 로봇에 의해 얼라인먼트 부로 이동 되어진다. 얼라인먼트 부에서 CCD 카메라로 웨이퍼의 위치 결정 후 Arm 2에 의하여 다이싱 테이프(Dicing Tape) 접착 테이블부로 이동 되어진다.

> **Tip**
> UV(Ultra Vilet)
> 자외선

그림 1-21 UV후 조사 후 마운팅 테이프를 붙이기 위해 이동하는 공정

② 웨이퍼가 이동되어진 다이싱 테이프 접착 테이블 부에 프레임공급 부로부터 프레임이 공급 되면 Dicing Tape Feeder부에 의해 미리 프레임에 맞게 갈라진 테이프에 웨이퍼와 프레임이 접착된다.

③ 테이프가 접착 되어진 웨이퍼는 보호 테이프 필링(Peeling) 테이블 부로 이동 되어져 전면 흡착 타입인 테이블이 웨이퍼를 흡착 고정하여 보호 한 상태에서 보호 테이블 필링 테이프 피더(Tape Peeling Tape Feeder) 부로 반송 한다.

그림 1-22 웨이퍼에 마운팅 테이프를 붙이는 공정

④ 보호 테이블 필링 테이프 피더 부로 반송된 웨이퍼를 열 접착이 가능한 테이프를 사용하여 표면을 보호한 후 테이프를 필링(Peeling) 한다. 필링 완료 된 웨이퍼는 소재 배출 부를 통해 Unload에 미리 놓아두었던 카세트에 수납되어지면서 작업이 완료된다.

그림 1-23 테이프 마운팅 완료 후 카세트에 장착된 웨이퍼

3) 모듈별 기능

① 로드 포트부(Load Port Unit)

백 그라이딩 후의 웨이퍼를 공급한다.

② 로봇부

로봇 암은 로드 포트부, 또는 그라인더측에서 웨이퍼를 꺼내며, UV수취 암, 또는 얼라이먼트 테이블로 반송한다.

③ UV조사부

UV조사 테이블은 UV수취 암위에 흡착 유지된 웨이퍼를 그라인딩면 쪽에서 흡착유지하고 표면 보호 테이프로 UV조사를 행한다. UV조사 후에 로봇 암으로 웨이퍼 반송 암1로 전달한다. 웨이퍼 반송 암1은 흡착 유지한 웨이퍼를 얼라이먼트부(이미지 처리부)의 얼라이먼트 테이블로 반동한다.

④ 얼라이먼트부(Alignment Unit)

얼라이먼트부는 CCD 카메라로 웨이퍼 위치 결정을 행한다.

⑤ 웨이퍼 반송 암1부

웨이퍼 반송암 1은 웨이퍼를 얼라이먼트부에서 흡착 유지하고 웨이퍼 반송 테이블로 반송한다.

Tip

DAF
; Die Attach Film
필름형태의 본딩재료 백막칩적층 등에 사용된다.

⑥ 웨이퍼 반송 테이블부

웨이퍼 반송 테이블은 웨이퍼를 DAF 접착 테이블부 상부까지 반송한다. 그 후에 웨이퍼 반송 암2로 웨이퍼를 DAF접착 테이블로 반송한다.

⑦ DAF 배치 커팅부

DAF배치 커팅부에서는 장치내에서 DAF를 웨이퍼 형태로 커팅하는 배치 커팅 유닛을 탑재하여 DAF를 접착 테이블부까지 이동시킨다.

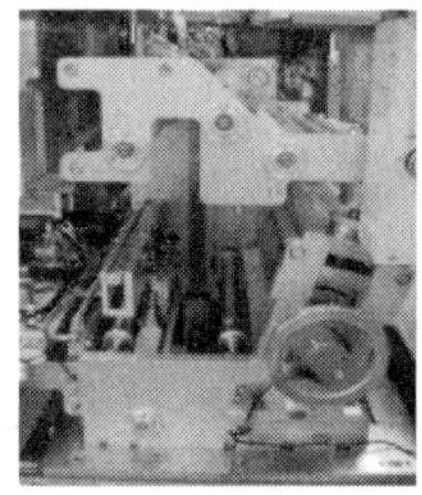

⑧ DAF 접착 테이블부

DAF 접착 테이블부는 웨이퍼 후면에 DAF의 접착을 수행한다. 테이블에는 히터가 내장되어 있다.

⑨ 웨이퍼 반송 암 2부

DAF가 접착된 웨이퍼를 DAF 큐어링부 및 다이싱 테이프 접착 테이블부로 반송한다.

⑩ 링프레임 공급부

프레임 반송 암은 링 프레임을 1장씩 흡착 유지하여 접착 테이블로 반송한다.

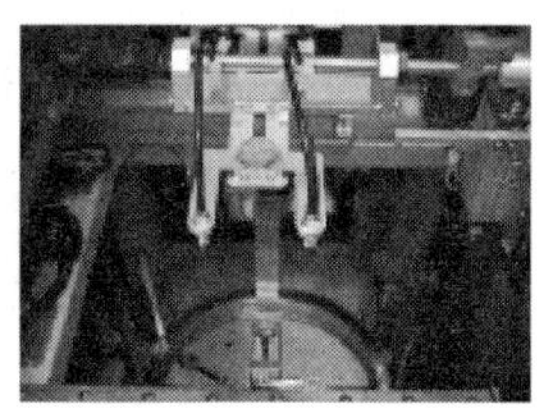

⑪ 다이싱 테이프 피더부

다이싱 테이프 피더부에서는 미리 링 프레임 사이즈로 커팅된 다이싱 테이프를 웨이퍼와 프레임에 부착한다.

⑫ 다이싱 테이프 접착 테이블부

링 프레임과 웨이퍼 후면에 다이싱 테이프를 접착한다.

⑬ 보호 테이프 필링 테이프 피더부

열 접착이 가능한 테이프를 사용하여 표면 보호 테이프를 필링한다.

⑭ 보호 테이프 필링 테이블부

전면 흡착 타입인 테이블이 소재를 흡착 고정하여 보호 테이프 필링 테이프 피더부로 반송한다.

⑮ 비전 시스템부

비전 시스템부에서는 웨이퍼 ID 및 링 프레임 바코드를 판독한다.

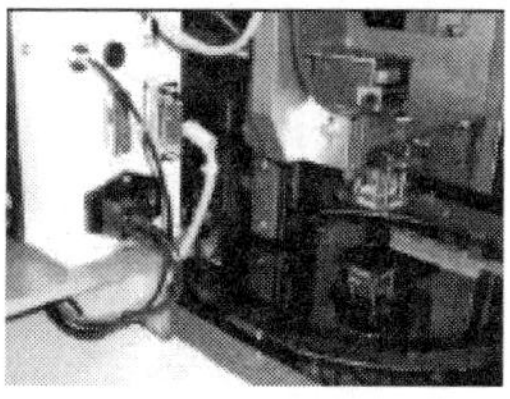

⑯ 바코드 프린트부

비전 시스템부에서 판독된 웨이퍼 ID를 토대로 열전사 프린터로 바코드 라벨을 발행하고 부착한다.

⑰ 소재 배출부

소재를 프레임 카세트 내에 수납한다.

⑱ 언로더부

처리가 완료된 웨이퍼가 수납된 카세트를 장치에서 꺼낸다.

읽을거리

웨이퍼(wafer)가 둥근 이유는?

실리콘 단결정은 고순도로 정제된 실리콘용액에 종자(SEED)결정을 접촉, 회전하면서 단결정 규소봉을 형성시킨다. 이것을 잉곳(INGOT)이라고 한다. 결정성장을 시키는데 성장속도가 느리면 세로방향 결정성장뿐만 아니라 가로방향으로도 성장되기 때문에, 단결정 봉이 원 형태의 결정이 만들어진다. 두께는 성장속도에 따라 바꿀 수 있다고 한다. 이렇게 만들어진 원기둥의 결정을 잘라 사용하므로 원 형태가 된다. 과거에 게르마늄(Ge)을 성장시킬 때는 성장방법이 달라서 사각형의 웨이퍼도 있었다.

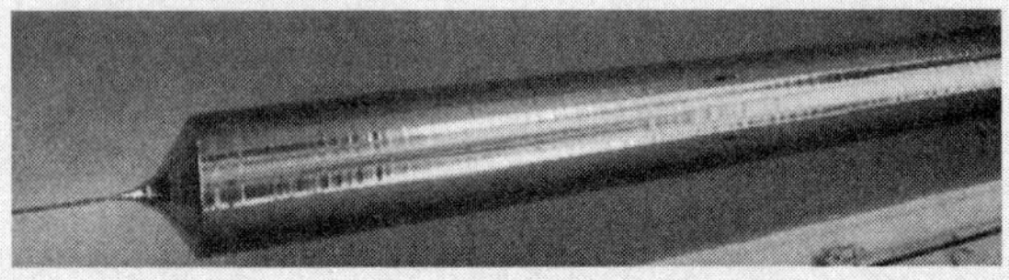

4. 장비운영

① 장치를 가동하기 위해서는 공장설비(1 차측) 에어와 덕트 밸브를 열고 전원을 켜야 한다.

② 장치 뒷면 후면 하부의 잔압 배기밸브를 [SUP]로 전환하면 에어가 공급된다. 에어가 정상적으로 공급되고 있는지를 압력센서의 표시에서 확인하여야 하며 설정 압력은 압력 게이지가 0.5MPa±0.1MPa을 가르켜야 한다.

③ 장치의 전원을 켜기 위해서는 1 차측 전원이 들어와 있는지 확인하고, 장치 후면의 전원 차단기를 [ON]으로 한 후 조작패널의 키 스위치를 [START]로 한다. 이 때 [POWER]램프가 점등하고 장치에 전원이 들어온다.

④ 난기운전 : 본 장비에는 UV 조사부, 히터를 내장한 유닛이 있으며 유닛의 온도를 적정 수치까지 상승시켜, 안정된 정밀도로 정상적으로 가동시키기 위해 난기운전을 실시한다. 히터는 DAF 접착 테이블부, 큐어링 테이블부, 다이싱 테이프 접착 테이블부, 필링 유닛부 등에 들어있다.

⑤ 원점복귀 : “원점복귀”는 장치 내부의 가동부를 각각의 원점위치로 이동시키는 것을 말하고, “원점위치”는 장치 운전 시에 유닛 각부가 동작의 기준으로 하는 위치를 말한다. 원점복귀를 하기 전에 DAF 접착 중, 다이싱 테이프 접착 중인 웨이퍼 및 보호 테이프, 필링 중인 소재가 장치 내에 없는 것을 확인해야 한다.

⑥ 테이프의 세팅 확인 : 본 장치에서는 히트 실(접착 필링 테이프), 다이싱 테이프(프리 커팅식, 또는 논 프리 커팅식), DAF(다이 어태치 필름) 등의 여러종류의 테이프를 사용하고 있으므로 자동운전 전에 반드시 테이프가 확실히 세팅되어 있는지 확인해야 한다.

⑦ 이오나이저 전원의 확인(6 곳) : 본 장치에는 모두 6개의 유닛에 이오나이저를 설치하고 있으므로 자동운전 개시 전에 반드시 이오나이저의 전원이 ON 으로 되어있는 것을 확인해야 한다. DAF 배치 커팅부, 다이싱 테이프 부착 테이블부, 배치 커팅부, 프레임 반송암부, 표면보호 테이프 필링부, 소재 배출부

연습문제

01 웨이퍼 백그라인딩에서 웨이퍼에 라미네이팅 테이프를 붙이고, 소잉을 하기 위한 마운팅 테이프를 붙이기까지 진행되는 모든 공정을 순서대로 나열하시오.

02 웨이퍼 백그라인딩 과정에서 발생할 수 있는 불량의 종류에 대해 소개하고 설명하시오.

03 웨이퍼 백그라인딩 공정에서 사용되는 재료에 대해 소개 하시오.

■ 기본용어의 설명

용 어	설 명
웨이퍼 카세트	웨이퍼 수납하는 용기
라미나 테이핑 (Laminar Taping)	웨이퍼 BACK면을 GRIND하기 전 웨이퍼 PATTERN면을 보호하기 위해 테이프를 붙이는 작업
커 터(CUTTER)	테이핑 후 웨이퍼 외각보다 안쪽으로(각도 있음) 절단하는 기구(TOOL)
웨이퍼 케리어 (웨이퍼 CARRIER)	테이핑이 완료된 웨이퍼를 적재하는 지그(JIG) 1개의 카세트에 테이핑이 완료된 프레임을 최고 25매까지 적재 가능
이온 나이저(IONIZER)	테이핑시 테이프에 생기는 정전기의 발생을 억제시켜주는 장치(제전 장치)
포장용기	얇은 웨이퍼를 수납하는 용기
다이싱 테이프	• 웨이퍼와 링을 부착시키는 부착 테이프 • 프리 커팅식은 링 사이즈로 미리 커팅되어 있는 것 • 논 프리 커팅식‥링 사이즈로 커팅되어 있지 않은 것
표면보호 테이프	웨이퍼 후면 연마 시에 회로 표면을 보호하기 위해 부착하는 테이프. UV 타입과 비 UV 타입이 있다.
히트 실 테이프	웨이퍼에 부착되어 있는 표면보호 테이프를 필링하기 위해 열 접착하는 테이프
WBL 테이프	UV 테이프에 속하여 보호 필름이 있으며 뒷면에 붙어 있는 접착 부위가 다이어테치 시 함께 떨어져 작업되는 테이프
프레임 스토커	처리 전의 링 프레임을 수납하는 용기
소재 링	프레임에 웨이퍼를 다이싱 테이프로 부착한 것을 소재라고 한다.
배치 커팅 논 프리 커팅	테이프를 링 형태로 커팅하는 유닛
링 프레임 카세트	소재를 수납하는 용기
DAF(Die Attach Film)	웨이퍼 표면에 접착하는 다이 접착용 필름
릴리이즈 라이너	세퍼레이터라고도 부르는 필링 필름
링/프레임	테이프 마운트 진행 시 웨이퍼(웨이퍼)에 부착 된 테이프를 지지하는 치 공구로 일반 링과 COB 링이 있다.
DI Water(디아이 워터)	그라인드 시 발생 되는 실리콘 더스트를 세정하여 주는 불순물이 없는 고순도의 물
Oil Stone(오일 스톤)	척 척 테이블 청소 시 사용하는 소모품
휠(휠)	그라인드 용 날이 붙어 있는 유닛
Dressing(드레싱)	척 테이블의 거친 면을 갈아내는 작업

웨이퍼 소잉 공정

(Wafer Sawing)

02 Chapter

02 Chapter

웨이퍼 소잉 공정 (Wafer Sawing)

1. 장비의 개요 및 동작원리

웨이퍼 소잉 공정은 웨이퍼 상에 형성된 수백 개, 또는 수천 개의 칩을 패키징 공정을 진행하기 위해 자르는 공정이다. 웨이퍼를 컷팅 테이블에 놓고 20,000~30,000 rpm으로 회전하는 휠을 이용하여 절단한다. 고속으로 회전하는 블레이드와 웨이퍼의 접촉면을 냉각하고 정전기에 대한 저항을 제거하기 위해 CO_2 bubble이 포함된 탈이온수(DI water)를 사용한다.

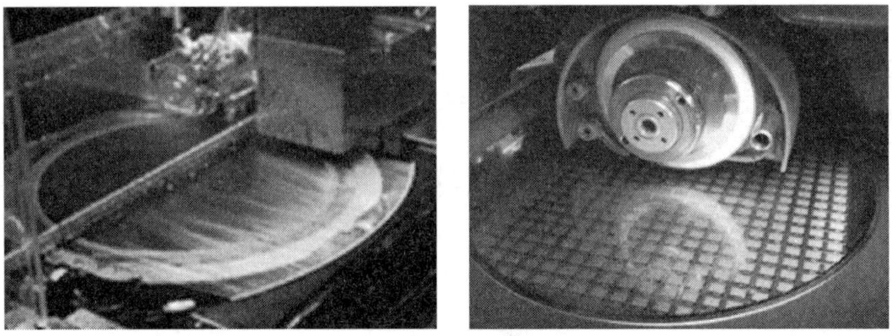

그림 2-1 소잉 공정 모습

소잉 방법은 다음과 같이 세 가지로 나눌 수 있다.

표 2-1 소잉방법의 종류

방 법	Scribe & Break	Blade Dicing	Laser Dicing
특 징	• 핸들링 어려움 • 다이 균열 가능성 • 낮은 생산률	• 보편화 되어 있음 • 생산률/생산성 높음 • 다이아몬드 블레이드	• 200mm/sec 이상 고속 • 다양한 응용 범위
형 상			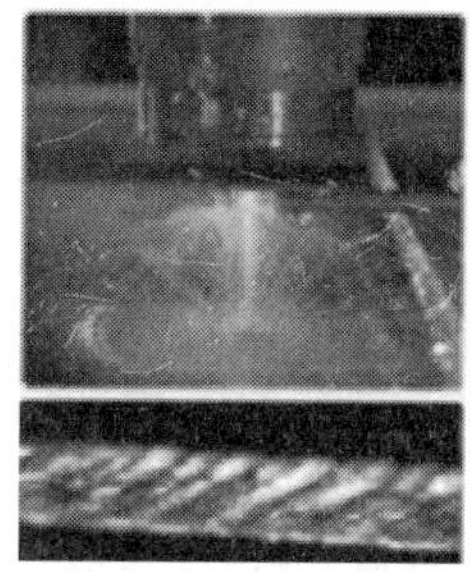

2. 소잉 공정 소개

1) 블레이드에 대한 소잉 공정

① 백 그라인딩이 완료된 웨이퍼가 들어있는 카세트를 카세트 스테이지부에 넣고 가동을 시작하면 프레임 센싱부에서 카세트에 들어있는 웨이퍼의 수를 감지한 후 첫장부터 척 테이블에 로딩할 준비를 한다.

웨이퍼 카세트에 들어 있는 웨이퍼는 Arm 1부에 의해 척 테이블에 이송되어 소잉할 준비를 한다. X축 부, Y1축 부, Y2축 부, Z1축 부, Z2축 부에 의해 스핀들과 현미경, 척 테이블이 움직이면서 웨이퍼의 가로축인 CH1과 세로축인 CH2의 패턴을 인식하게 된다.

② 척 테이블에 놓여진 웨이퍼에 대한 인식이 완료 되면 장비에 프로그램된 다이의 치수에 따라 2개의 블레이드에 의해 세로축인 CH2부터 양 S끝에서 중앙쪽으로 움직이면서 웨이퍼가 절단 된다. 소잉 작업중 웨이퍼에 발생하는 열을 냉각시키고 발생하는 실리콘 부산물을 제거하기 위해 고압의 탈이온수가 절단부에 분사된다.

웨이퍼에 발생하는 손상을 줄이기 위해 두 가지의 다른 블레이드를 사용하여 스텝 컷을 하는 방법도 있다. 이 때 Z1 블레이드는 웨이퍼의 표면에서 깊이의 반 정도까지 컷팅을 하고, Z2 블레이드는 나머지 부분과 마운팅 테이프의 일부 부분을 커팅한다. 스텝컷은 컷팅 라인의 폭과 칩핑에 의한 손상을 감소시키는 장점을 가지고 있다.

③ 세로축인 CH2축의 절단이 완료 되면 가로축인 CH1방향으로 소잉을 진행하기 위해 척 테이블이 90° 회전한 후 CH2축에서와 같은 방법으로 웨이퍼 절단이 이루어진다. 절단이 완료된 웨이퍼는 Arm 2부에 의해 척 테이블에서 스핀너 테이블(Spinner Table)로 이동되며, 스피너 테이블 위의 웨이퍼는 스핀너부가 회전하면서 탈이온수에 의해 세정 된 후 에어 블로우에 의해 건조된다.

④ 세정 완료된 웨이퍼는 Arm 2부에 의해 Pre-Alignment Position 부로 이동되어 카세트 스테이지에 고정되어 있는 카세트에 언로딩 되면서 작업이 완료된다. 언로딩은 엘리베이터 부에 의해 웨이퍼 카세트가 상하로 움직이면서 이루어진다.

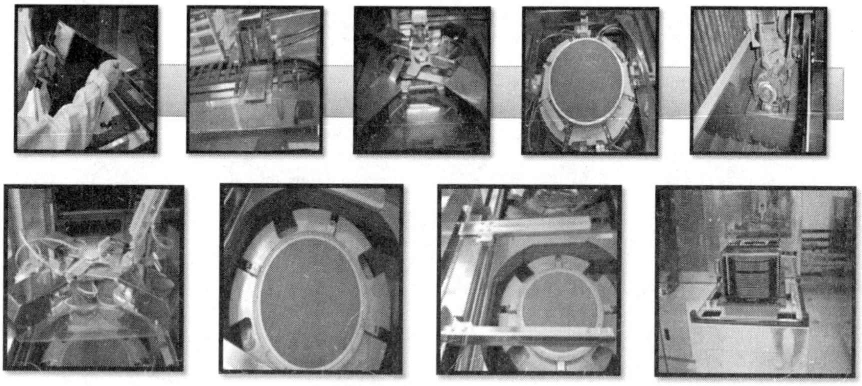

그림 2-2 소잉 공정 순서

웨이퍼 소잉을 진행하는 데 있어 다음의 4가지 인자가 중요하다.

- 컷팅 모드 : 웨이퍼와 회전하는 블레이드가 맞 닿는 순간 블레이드가 웨이퍼의 위에서 아래로 회전하는 경우와 웨이퍼의 아래에서 위로 회전하는 경우로 나눌 수 있다. 웨이퍼의 특성에 따라 이와 같은 블레이드의 회전방향이 소잉 품질에 영향을 줄 수 있다.
- 피드(feed) 속도 : 웨이퍼가 블레이드를 지나가는 속도에 따라 다이의 칩핑 정도가 달라지므로 최적의 피드 속도를 찾아낸 후 소잉을 진행할 필요가 있다.
- 블레이드 휠의 회전 수 : 블레이드 휠은 수만 rpm으로 회전을 하면서 웨이퍼 소잉을 진행한다. 이 때 블레이드 휠의 회전 수에 따라 소잉 품질이 달라지므로 최적의 소잉 품질을 얻을 수 있는 회전 수를 결정하여야 한다.
- 블레이드의 높이와 컷팅 워터의 유량 : 블레이드가 웨이퍼에 어떻게 다가가느냐에 따라 소잉 품질이 달라지므로 블레이드의 높이를 최적화 할 필요가 있다. 냉각과 절단되는 웨이퍼에 발생한 물질을 세정하는 역할을 하는 물의 흐름속도가 소잉면의 품질에 영향을 주게 되므로 최적의 값을 구하여야 한다.

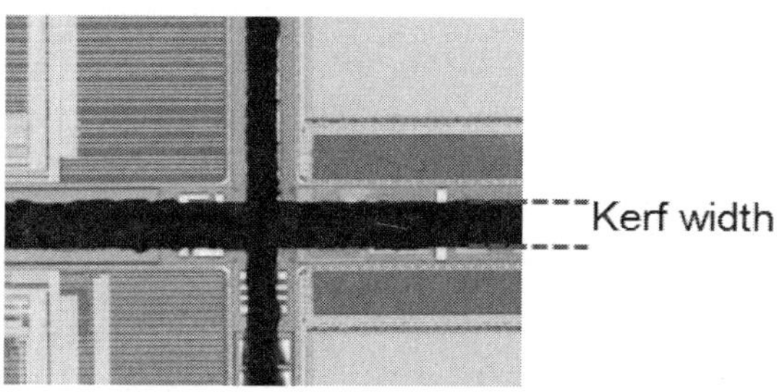

그림 2-3 웨이퍼상에서 블레이드에 의해 절단된 폭을 나타내는 커프 폭(Kerf width)

3. 소터(Sorter) 장비 구조 및 모듈별 기능

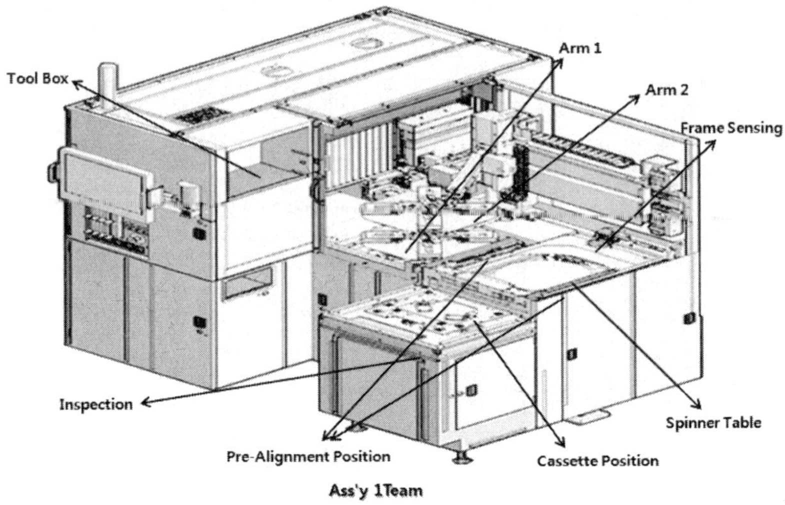

그림 2-4 웨이퍼 소잉 장비의 구조

① 웨이퍼 카세트

소잉할 웨이퍼를 보관하는 카세트이다.

② 카세트 Position

웨이퍼 카세트를 고정시키는 공간이다. 웨이퍼 카세트를 카세트 고정대에 위치시키고 있다.

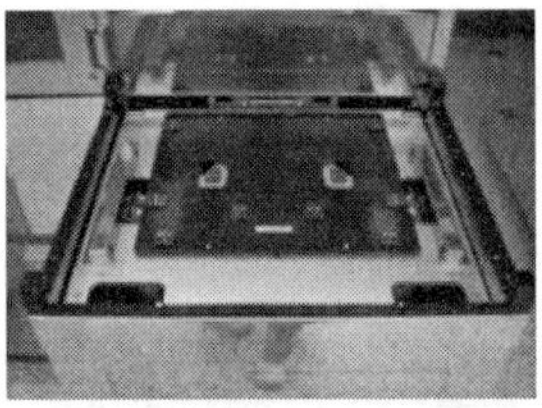

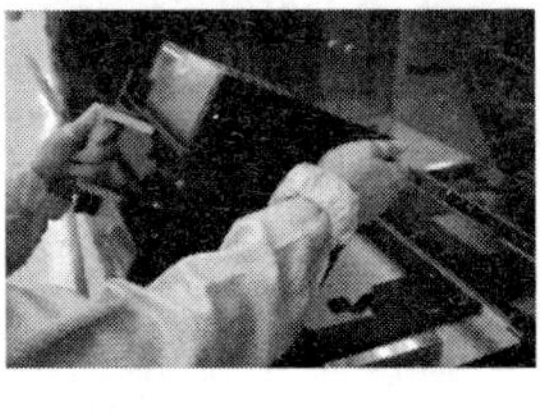

③ 프레임 센싱(Frame Sensing)

웨이퍼 카세트에 담긴 웨이퍼의 수와 위치를 센서로 파악하여 Arm1과 연계 시킨다.

④ Arm 1

웨이퍼를 웨이퍼카세트에서 꺼내서 소잉이 이루어지는 척 테이블로 이동시킨다.

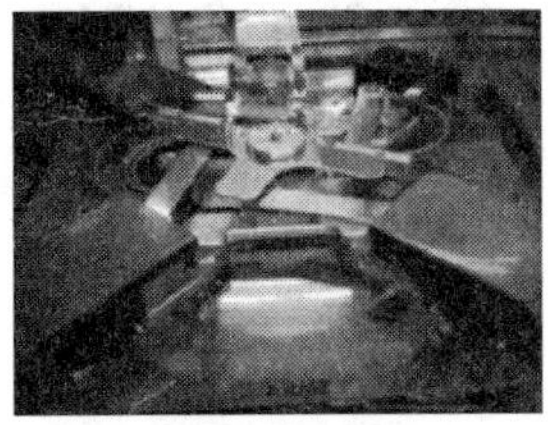

⑤ 척 테이블(척 테이블)

웨이퍼 소잉이 이루어지는 테이블이다.

⑥ 소잉 블레이드(Blade)

20,000~30,000rpm으로 회전하면서 웨이퍼를 소잉한다. 블레이드에는 다이아몬드 입자가 레진에 의해 붙어있다.

⑦ 소잉 블레이드 노즐(Sawing Blade Nozzle)

A. Blow air nozzle

B. Blade cooling water 1 nozzle

C. Blade cooling water 2 nozzle

D. Cleaning water nozzle

E. Cutting water nozzle

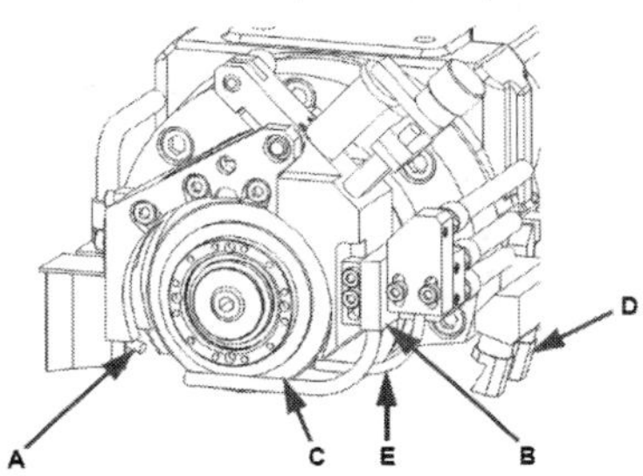

⑧ Arm 2

- 소잉이 완료된 웨이퍼를 척 테이블에서 스핀너 테이블(Spinner Table)로 이동시킨다.
- 스핀너 테이블에서 세정 및 건조가 완료된 웨이퍼를 Pre-Alignment 부로 이송한다.

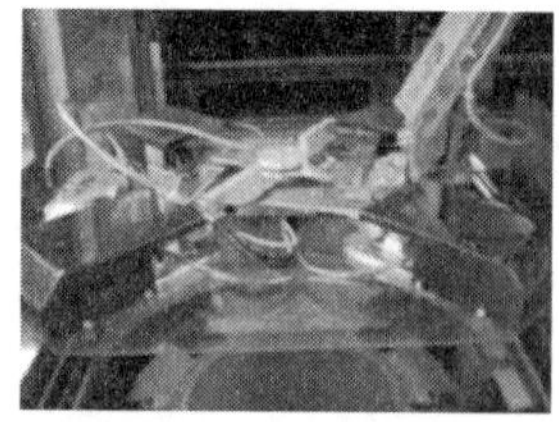

⑨ 스핀너 테이블(Spinner Table)

소잉이 완료된 웨이퍼를 세정하고 건조하는 회전 테이블이다.

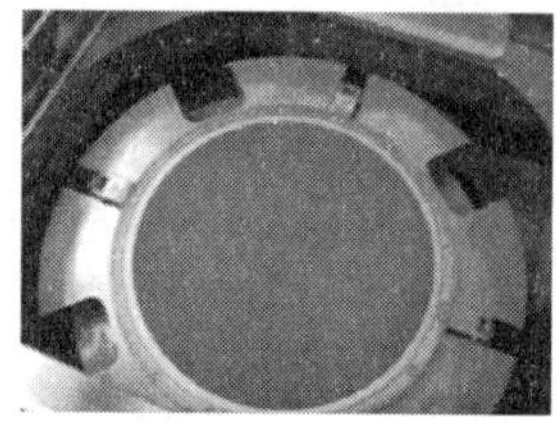

⑩ 스핀너 세정 유닛(Spinner Cleaning Unit)

A. Cleaning head

B. Cleaning driving unit

⑪ Pre-alignment

스핀너 테이블에서 세정 및 건조가 완료된 웨이퍼를 웨이퍼 카세트로 언로딩 시키기 위한 부분이다.

⑫ 웨이퍼 언로딩

소잉 공정이 완료된 웨이퍼를 웨이퍼 카세트로 옮기는 공정이다.

⑬ 검사(Inspection)

소잉 공정이 진행된 웨이퍼의 상태를 현미경을 이용하여 검사한다.

⑭ 소잉 블레이드(Sawing Blade)

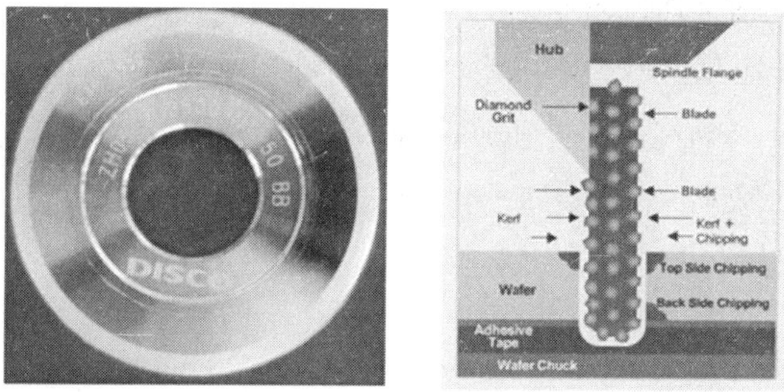

Side view blade

Dicing process

그림 2-5 소잉 블레이드의 형상과 소잉 공정 모습

소잉 시 얇은 블레이드는 소잉 라인이 좁으나 깨지기가 쉽고, 두꺼운 블레이드는 강하고 커프 넓이가 두껍다. 블레이드의 종류는 다이아몬드가 발라져 있는 길이인 exposure와 블레이드의 두께로 구분하며, 디스코사는 아래와 같이 분류하고 있다.

4. 소잉 공정 불량

① 다이균열(Die Crack)/칩핑(Chipping)

다이의 일부분이 깨어져 떨어지는 현상으로 소잉 시의 여러인자가 최적값으로 설정되어 있지 않아 과도한 응력이 가해지면서 발생한다.

② 다이 스크래치(Die Scratch)

트위저 등의 도구를 잘못 다루어 다이 위에 기계적인 손상이 가해지면서 발생하며 작업훈련 부족, 잘못된 장소 보관, 부적당한 도구의 사용 등에 의하여 발생한다.

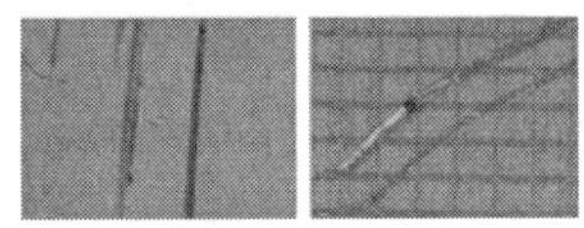

③ Die Metallization Smearing

다이 표면에 있는 메탈 라인이 변형되거나 손상되는 변형으로 백 그라인딩 테이프위에 불순물이 있거나 웨이퍼 핸들링 실수로 발생할 수 있다.

④ 다이 부식(Die Corrosion)

웨이퍼의 다이가 물에 장기간 노출되어 다이의 메탈 라인에 부식이 생기는 현상이다.

⑤ Sawing Miss

소잉이 소잉라인이 아닌 다른 방향으로 진행되어 다이의 손상이 생기는 현상이다.

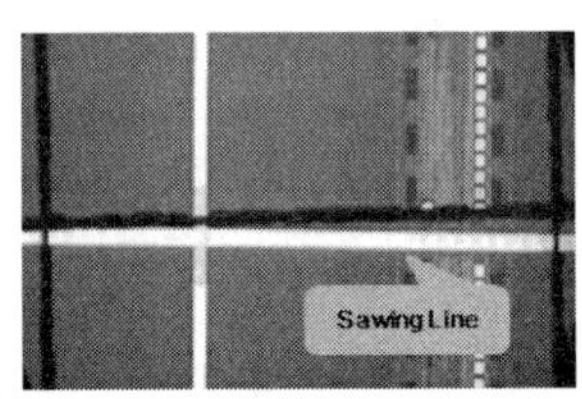

⑥ 정렬 불일치(Miss Alignment)

소잉 라인이 아닌 라인에 소잉이 진행되어 다이의 손상이 생기는 현상이며 작업자의 실수로 발생한다.

⑦ 플라이 다이(Fly Die)

테이프의 접착제가 다이에서 깨끗하게 떨어지지 않고 다이 위에 오염물이 묻어 있는 현상이다.

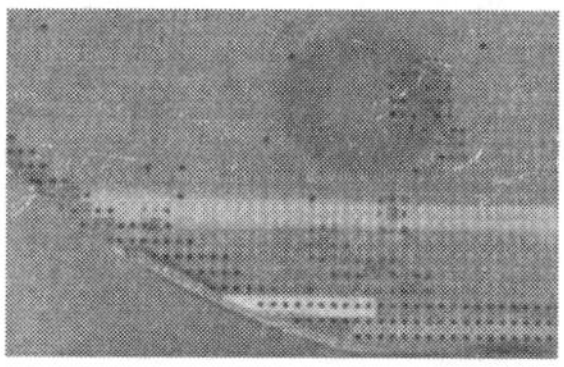

⑧ 테이프 버(Tape Burr)

웨이퍼 본딩 테이프인 WBL(웨이퍼 Bonding Laminate)가 소잉 과정에서 잘못된 블레이드를 사용하거나, 피드 스피드, 회전수 등을 잘못 설정하여 테이프가 깨끗하게 절단되지 않아 발생하는 현상이다.

읽을거리

반도체 재료에 실리콘(Si)이 주로 사용되는 이유는?

반도체의 기판으로서 사용할 수 있는 재료로서는, 실리콘(Si), 게르마늄(Ge), 갈륨인(GaP), 갈륨비소(GaAs) 등이 있다. 그러나 대부분의 반도체로 실리콘이 사용되고 있다. 실리콘은 지구상에 많이 존재해 입수하기 쉽기도 하고, 제일 큰 이유는 실리콘의 산화물인 이산화규소(SiO_2)가 원자구조상 매우 안정적인 물질로, 보호막으로서 가장 적당하기 때문이다.

연습문제

01 웨이퍼 소잉 공정에서 소잉 품질에 영향을 주는 인자를 나열하시오.

02 웨이퍼 소잉공정에서 발생할 수 있는 불량의 종류에 대해 소개하고 설명하시오.

03 웨이퍼 소잉에 사용되는 블레이드의 종류를 어떻게 구분하는지 설명하시오.

Sawing 공정 용어

NO	용 어	의 미
1	Blade	원형의 웨이퍼에 있는 수많은 소자를 각각의 칩으로 절단하기 위해 Sawing 기계에서 사용하는 원형의 톱날로써 다이아몬드와 니켈의 합금으로 이루어져 있다.
2	Spindle	블레이드를 장착하여 30,000rpm으로 고속 회전하는 모터이다.
3	드레싱 (Dressing)	생산 웨이퍼를 소잉하기 전에 블레이드면을 안정적인 형태로 유지하기 위해 연마해주는 작업이다. 회전속도를 최소 속도에서 최대 속도로 증가시키면서 더미 웨이퍼를 절단한다.
4	Half Cutting	절반만 절단한다는 뜻으로 절단 남김을 20~30% 절단하는 것을 말한다.
5	UV 레이저 그루브 공정 (UV laser groove process)	웨이퍼의 표면을 블레이드로 자르기 전에 UV레이저로 미리 그루빙하는 공정
6	웨이퍼 코팅 공정 (웨이퍼 coating process)	레이저 그루빙을 할 때에 웨이퍼 표면 보호를 위해 코팅 용액을 사용하여 코팅하는 공정
7	탈이온수(DI water)	정전기 방지를 위하여 CO_2 GAS를 혼합한 물
8	CO_2 버블	소잉 시 정전기를 방지하기 위하여 사용하는 CO_2 GAS 혼합 설비

다이 본딩 공정

(Die Bonding)

03

Chapter

03
Chapter

다이 본딩 공정 (Die Bonding)

1. 장비의 개요 및 동작원리

다이 본딩(Die Bonding) 공정은 소잉(Sawing) 공정을 통해 개별화된 칩을 하나씩 분리하여 PCB, 또는 리드프레임(lead frame) 형태의 기판에 붙이는 공정이다. 다이를 기판에 올린 후 온도를 올리면 기판위의 접착제 또는 접착테이프에 의해 본딩이 이루어진다.

반도체 패키지는 리드프레임을 기판으로 사용하는 종류와 PCB를 기판으로 하는 종류로 나눌 수 있는데, 제품의 크기와 양산성에서 장점을 가지고 있는 PCB를 기판으로 사용하는 패키지로 점차로 바뀌어 가고 있다. 기판의 종류에 따라 생산 공정과 필요한 설비가 달라진다.

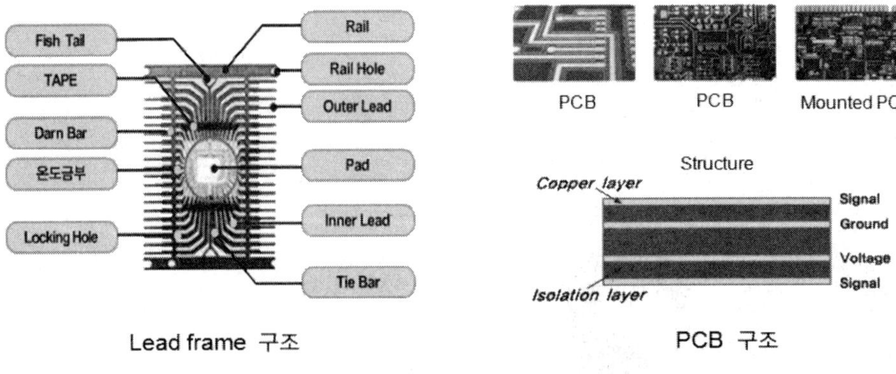

그림 3-1 리드프레임 기판과 PCB 기판 비교

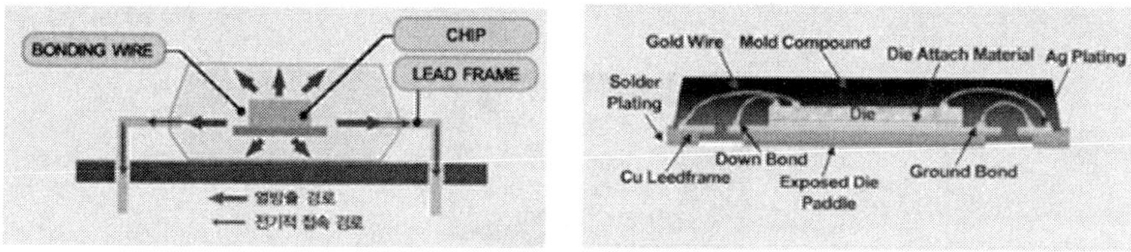

그림 3-2 리드프레임 기판 패키지와 PCB 기판 패키지 구조 비교

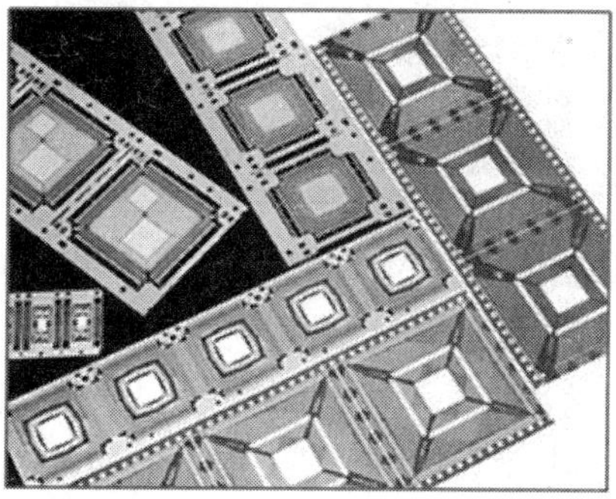

그림 3-3 여러종류의 리드프레임 소개

가장 일반적인 패키지 종류인 BOC(Board On Chip)의 기판에는 접착제 역할을 하는 엘라스토머(Elastomer)가 프린터에 의해 묻혀져 있고, LOC(Lead On Chip) 기판에는 접착제 역할을 하는 테이프가 붙어 있으며, 다이 본딩을 위해 일정한 온도로 가열하는 공정이 진행된다. 접착제로는 실리카와 에폭시를 혼합한 재료가 사용되며, Curing은 다이 본딩을 한 후 175°에서 30분 정도 시행한다.

> **Tip**
> 큐어(Cure)
> 열을 가하여 제품을 단단하게 굳이는 작업

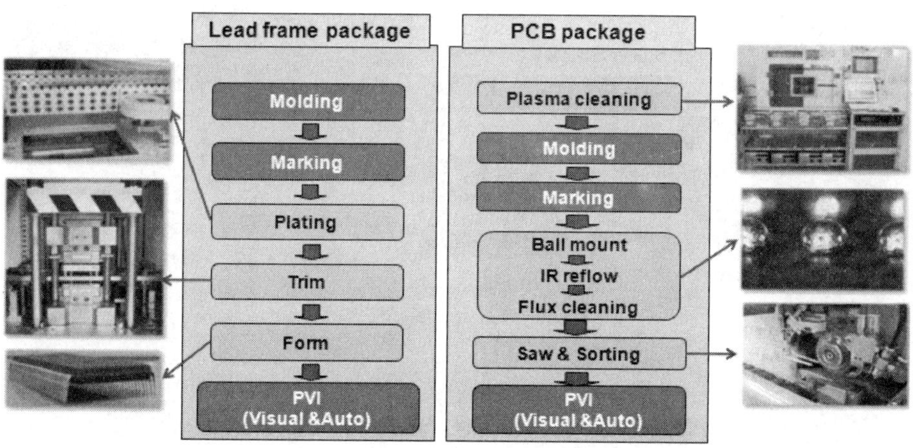

그림 3-4 리드프레임 기판 패키지와 PCB 기판 패키지의 공정 비교

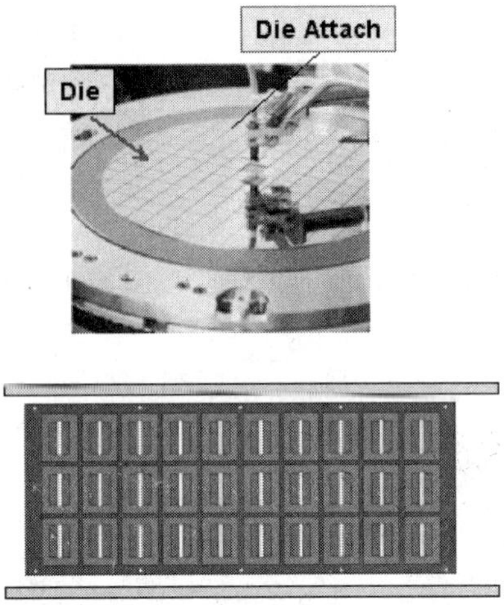

그림 3-5 다이 본딩 공정의 개념도

최근에는 한정된 크기의 부품에 용량을 높이기 위하여 여러개의 칩을 쌓아서 패키징 하는 MCP (Multi Chip Package), 또는 다양한 종류의 칩을 PCB위에 실장한 후 몰딩하는 SIP(System In Package) 형태가 늘어나고 있다. 칩을 쌓는 기술은 16층까지 다이를 쌓은 제품이 상용화되기 시작하고 있으며, 이를 구현하기 위해서 다이를 25um 정도로 그라인딩하고, 이와 같이 얇은 칩을 다이 본딩, 와이어 본딩하기 위해 새로운 기술이 적용되고 있다.

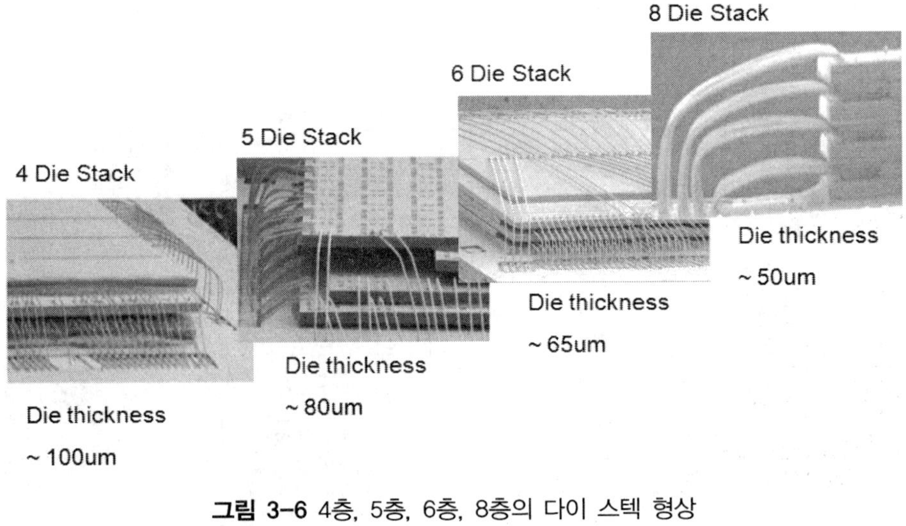

그림 3-6 4층, 5층, 6층, 8층의 다이 스텍 형상

2. 다이 본딩(die bonding)의 공정 소개

다이 본딩 공정은 크게 다음과 같이 분류할 수 있다.

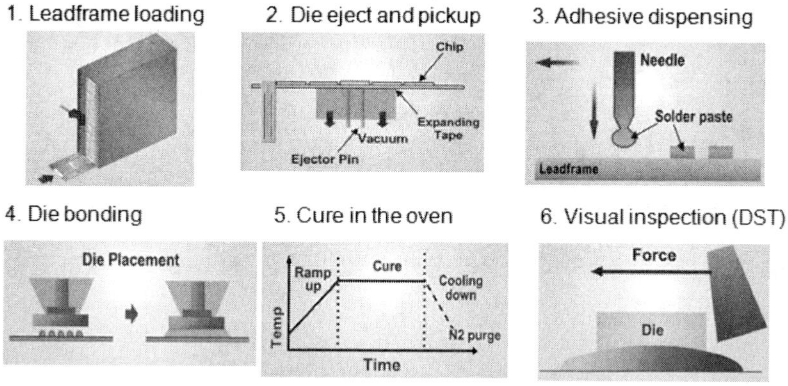

그림 3-7 개략적인 다이 본딩 공정 소개

1) 기판(리드프레임 또는 PCB) 로딩

기판이 담겨 있는 매거진(M/Z)에서 기판을 꺼내서 다이본딩을 하기 위한 플레이트에 놓는 공정이 기판 로딩 공정이다.

2) 다이 이젝터와 픽업(Pick up)

(1) 다이 이젝터(Die Ejector)

웨이퍼 소잉이 완료된 웨이퍼에 있는 각각의 다이는 마운팅 테이프위에 붙어있는 상태이다. 접착력을 가지고 있는 마운팅 테이프에서 다이를 떼어내기 위해서는 다이 아래에서 이젝터 핀으로 다이를 올려주어 다이위에서는 진공압력으로 다이를 잡아주는 픽업 공정이 이루어질 수 있도록 해준다. 이젝트를 해주는 부품을 플런저(plunger)라고 한다. 다이 이젝터(Die Ejector)는 웨이퍼 익스팬더가 웨이퍼 링을 아래로 잡아당겨 웨이퍼 필름을 팽팽하게 하면, 다이 트랜스퍼가 다이를 쉽게 집어 갈 수 있도록 다이를 아래에서 위로 밀어 올려준다.

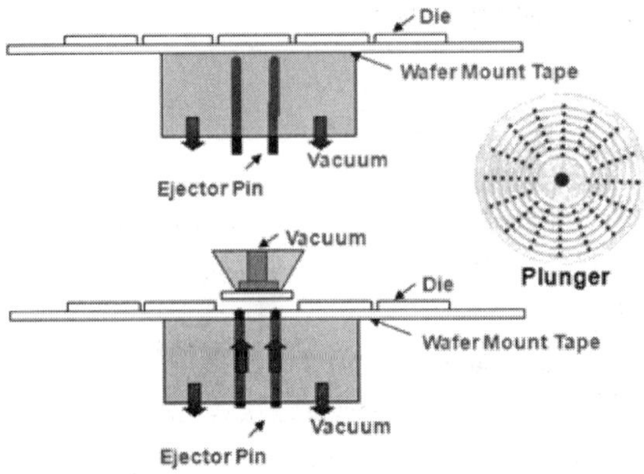

그림 3-8 웨이퍼에서의 다이 분리 공정

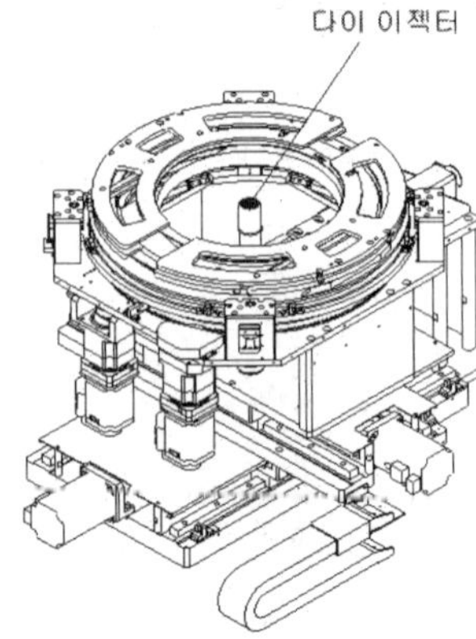

그림 3-9 다이 분리 공정 모듈

(2) 칩 픽업(Chip pickup)

다이 아래에서 플런저 핀을 이용해서 다이를 마운팅 테이프로부터 떼어 놓으면 다이 위에서 진공을 이용해 다이를 잡아주는 픽업 작업이 이루어진다. 이 때 다이의 픽업은 다이 크기에 맞는 콜렛(collet)을 이용하여 이루어진다.

(3) 웨이퍼 매핑

다이본딩 시 양품 다이와 불량 다이는 매핑 파일에 의하거나 불량다이를 잉크로 표시하여 구분하며, 본 그림에서 녹색이 양품, 자주색이 불량 다이를 의미한다.

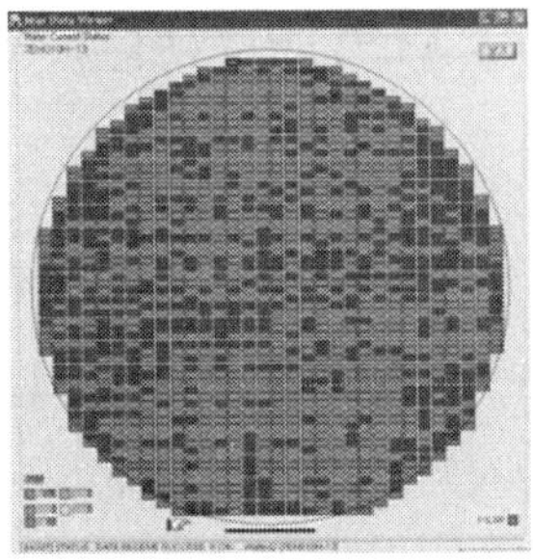

3) 디스펜싱

다이와 기판을 접착시키기 위해 기판위에 접착제를 발라주는 공정이 필요하다. 디스펜싱 공정은 접착제를 사용하거나 필름 형태의 WBL(웨이퍼 Backside Lamination)이 사용된다.

WBL을 사용할 경우는 디스펜싱 공정을 별로로 진행할 필요가 없다. 다이가 놓여질 자리의 디스펜싱 상태를 비전시스템으로 검사하여 제대로 되어 있지 않을 경우에는 다이를 본딩하지 않는다.

Paste Adhesives

Adhesive Films

그림 3-10 에폭시 접착제와 필름 접착제 소개

4) 다이 본딩

다이 본딩은 접착제가 발라진 PCB위에 다이를 올려놓는 공정이다. 본딩 조건은 최적의 압력과 시간 조건을 설정하여 진행한다. WBL 필름을 사용할 경우에는 칩은 150°의 고온에서 접착이 이루어진다. 다이 본딩 공정 후에는 제대로 본딩이 되었는지 비전시스템으로 검사를 하게된다.

5) 열 경화공정(Curing)

다이 본딩이 이루어지면 접착제가 접착력을 갖도록 하기 위해서는 고온에서 일정시간 동안 유지해주는 Curing 공정이 필요하다.

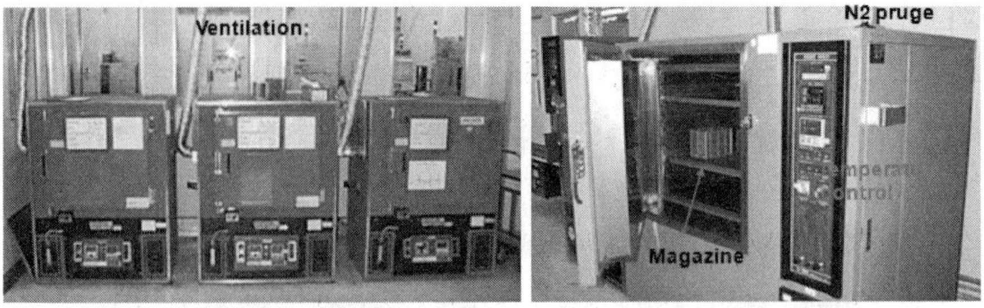

그림 3-11 다이 본딩 후 Curing을 위한 오븐 시스템

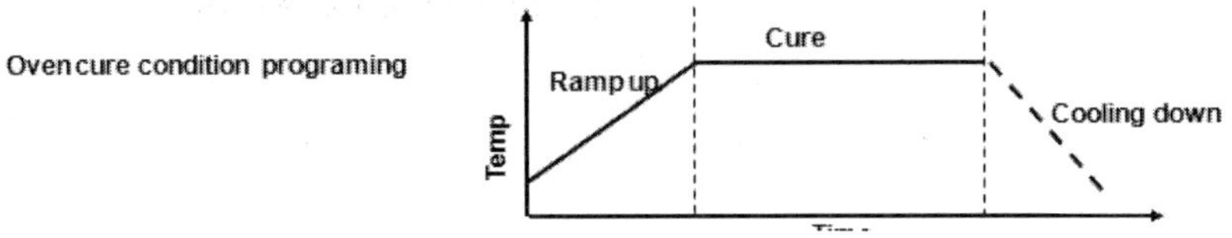

그림 3-12 다이본딩 에폭시 Curing시의 시간에 따른 온도 분포

6) 외관 검사

Curing이 완료되면 다이가 제대로 본딩 되었는지를 검사하는 공정이 진행된다. 경우에 따라 다이의 본딩강도가 어느 정도 되는지를 테스트하는 공정 DST(Die Strength Test)가 진행되기도 한다.

3. 다이 본더(Die bonder)의 구성

다이본더는 웨이퍼를 다루는 부분과 기판을 다루는 부분, 웨이퍼상의 다이를 기판으로 옮기는 부분, 온도를 올리는 부분으로 나눌 수 있다.

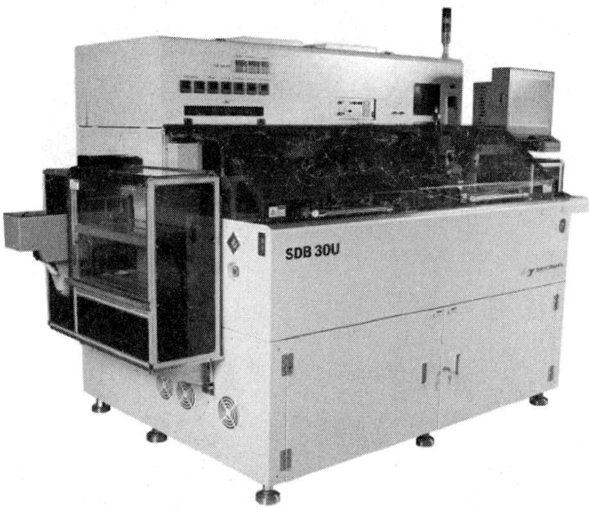

그림 3-13 다이본더 장비 SDB-30U

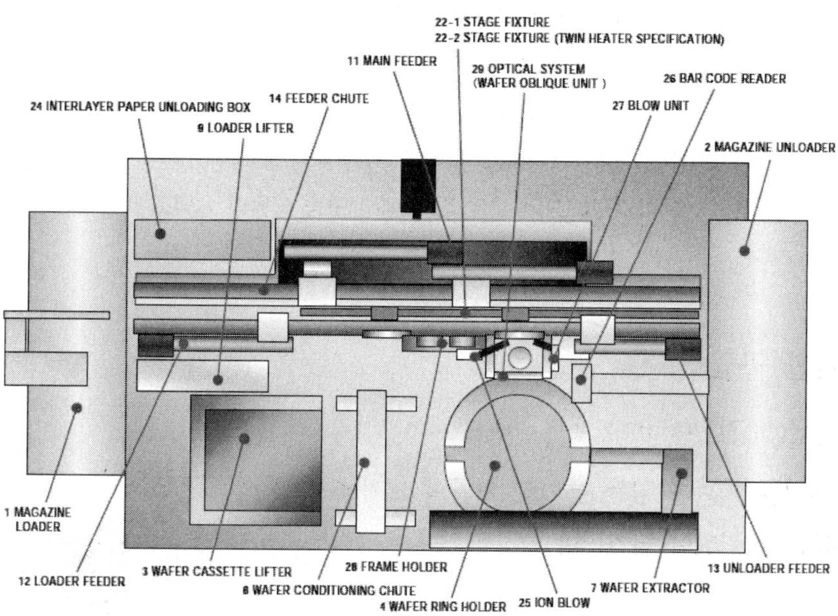

그림 3-14 다이본더 장비실물과 구성

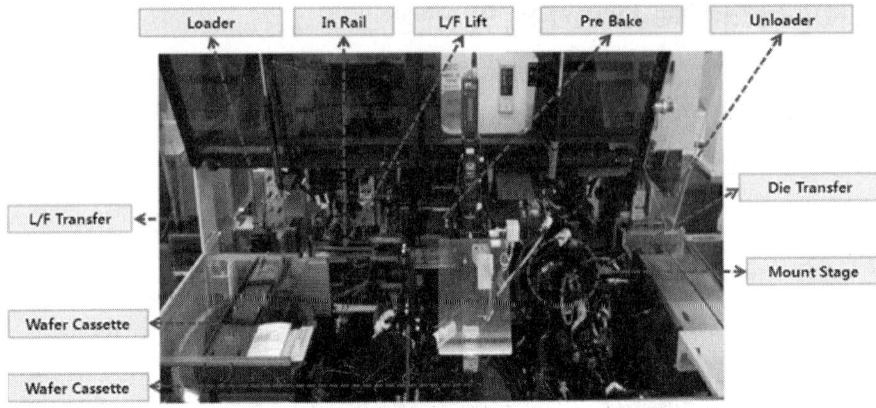

그림 3-15 다이본딩 장비 내부 구성 모듈

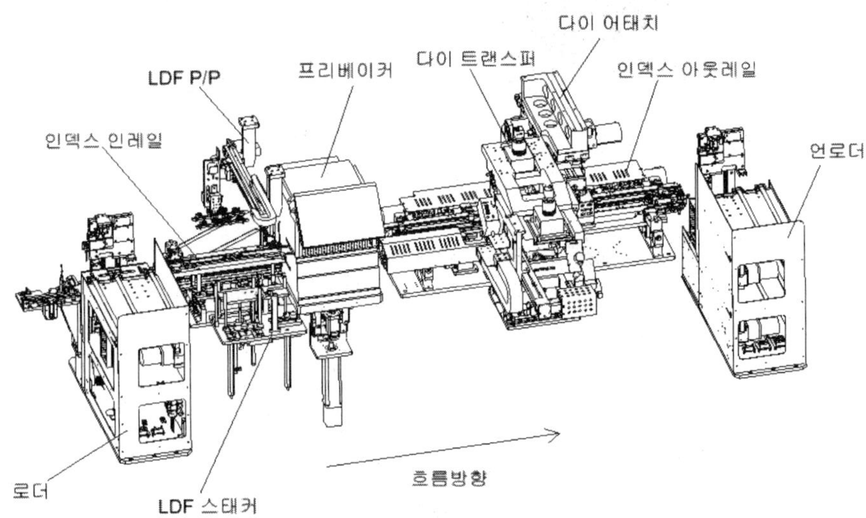

그림 3-16 다이 본딩 장비 내부 구성 모듈의 개념도

1) 기판 공급

(1) 기판 매거진(Magazine)

매거진은 기판을 담는 용기로 기판의 크기에 따라 사용하는 매거진이 달라진다.

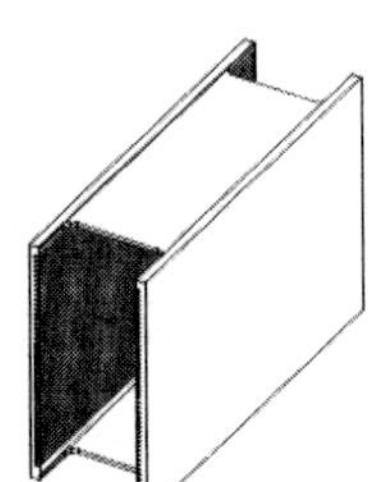

(2) 로더(Loader)/스태커(Stacker)

① 기판이 들어 있는 매거진을 로더의 위층에 놓는다. 매거진에 적재된 기판을 한 장씩 밀어서 인덱스 인레일에 이송한다. 로더는 매거진 공급, 배출 방향이 상부에서 공급되고 하부로 배출된다.

② 기판의 특성 때문에 매거진을 쓸 수 없는 경우에는 스태커를 이용하여 낱장으로 직접 공급한다. 스태커가 이용되는 경우에는 자재(Substrate)들 사이에 대개 간지가 끼워져 있으며, 기판이 인덱스 인레일에 올려진 후에 간지는 밖으로 배출된다.

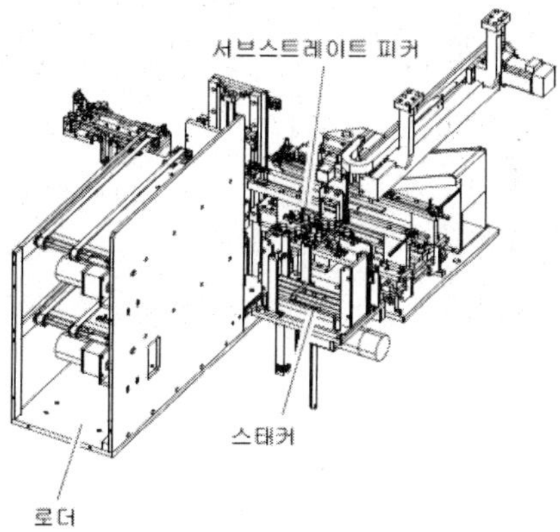

(3) 인덱스 인레일(Index Inrail)

베이크 전에 기판이 지나가는 통로이다. 로더나 스태커로부터 이송 받은 기판을 프리베이커로 이송한다. 인덱스 인레일의 트랙의 폭은 기판의 폭에 맞게 조절한다. 로더는 프리베이커를 거친 기판(PCB 또는 리드프레임)을 다이 부착을 위해 인덱스 아웃레일로 이동시킨다.

(4) LDF-PP

스택커에 적재된 자재를 Pick-UP하여 인덱스 인레일 위에 올려놓는다.

(5) 프리베이커(Prebaker)

LOC(Lead On Chip)형태의 패키지에서 리드프레임의 접착제인 폴리이미드 테이프에 열을 가하는 부분이다. 인덱스 인레일로부터 LOC 기판을 받아 기판상의 테이프를 히터 제어기에서 설정된 온도로 설정된 시간 동안 가열한다. 작업을 시작하기 전에 기판의 사양에 맞게 히터 제어기에서 가열 온도를 설정해야 한다. 이 처리는 LOC 기판에만 적용되며 BOC(Board On Chip)/일반 기판은 프리베이커를 그냥 통과한다.

(6) 인덱스 아웃레일(Index Outrail)

프리베이커에서 빠져 나온 기판을 언로더까지 옮긴다. 에폭시 디스펜서, 다이어태치 그리고 원샷이 인덱스 아웃레일을 타고 이동하는 기판을 처리한다.

(7) 에폭시 디스펜서(Epoxy Dispenser)

기판 위에 에폭시를 도포하는 공정으로 일반 기판에만 적용된다. BOC 기판과 LOC 기판은 에폭시 디스펜서를 그냥 통과한다.

2) 웨이퍼 공급

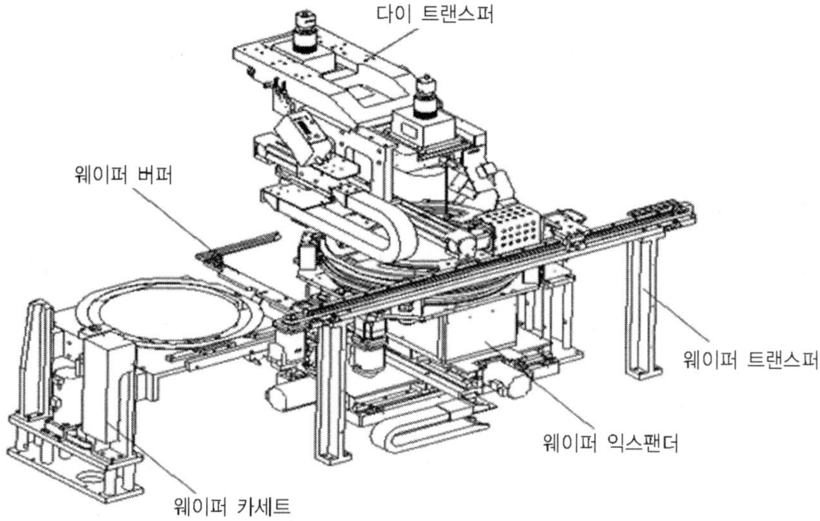

그림 3-17 웨이퍼 공급장치

(1) 웨이퍼 카세트

작업할 웨이퍼가 담겨 있는 카세트를 놓는 곳이다. 웨이퍼는 카세트에 실려 카세트 엘리베이터에 공급된다. 맨 아래 단에 들어있는 웨이퍼가 가장 먼저 웨이퍼 익스팬더에 공급된다. 하나의 웨이퍼가 모두 처리되고 나면 그 다음의 웨이퍼를 공급하기 위해 카세트 엘리베이터가 카세트의 한 단의 높이만큼 하강한다.

Tip
카세트(Cassette)
수납용기

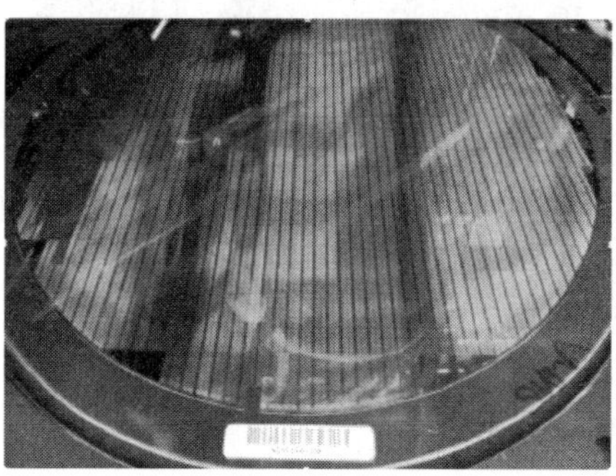

(2) 카세트 엘리베이터(카세트 Elevator)

웨이퍼는 카세트 엘리베이터와 웨이퍼 트랜스퍼에 의해 웨이퍼 익스팬더에 공급된다. 웨이퍼 트랜스퍼가 웨이퍼를 집어갈 수 있도록 카세트를 한 단씩 아래로 내린다.

(3) 웨이퍼 트랜스퍼(웨이퍼 Transfer)

웨이퍼 카세트에 들어 있는 웨이퍼를 빼내서 웨이퍼 익스팬더에 올려놓는다. 그리고 다이가 소진되면 웨이퍼를 다시 카세트에 집어넣는다.

(4) 웨이퍼 익스팬더(웨이퍼 Expander)

다이가 웨이퍼에서 쉽게 분리되도록 웨이퍼 링을 아래로 잡아당기게 웨이퍼 필름을 팽팽하게 하는 기능을 한다. X축과 Y축 방향으로 움직여서 다이 트랜스가 순차적으로 다이를 집어갈 수 있도록 한다. 다이가 웨이퍼로부터 모두 분리되면 웨이퍼 익스팬더는 잡아당긴 웨이퍼 링을 풀어준다.

배출 시 웨이퍼의 필름은 늘어난 상태로 남아 있어 웨이퍼를 카세트에 집어넣으면 필름이 기계에 걸리게 된다. 이를 방지하기 위해 핫 블로우어(Hot Blower)가 뜨거운 바람을 내뿜어 필름을 다시 팽팽하게 한다.

(5) 웨이퍼 버퍼(웨이퍼 Buffer)

웨이퍼 버퍼는 웨이퍼를 교환할 때 시간을 단축하기 위해 윗 단에는 웨이퍼 익스팬더에 투입할 웨이퍼를 적재하고 아래 단에는 웨이퍼 익스팬더에서 배출한 웨이퍼를 적재한다. 웨이퍼 버퍼는 웨이퍼 크기에 맞게 Y축 방향으로 이동하여 그 폭을 조절한다.

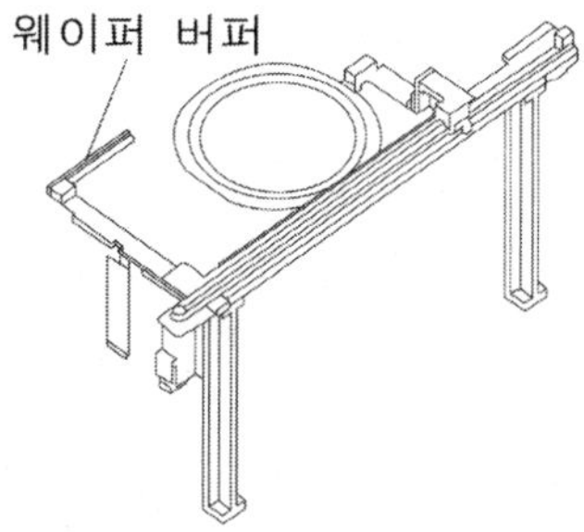

(6) 이온 블로우(Ion Blow)

웨이퍼 테이프 상의 정전기를 제거하기 위한 부분이다.

3) 다이 공급

다이는 다이 이젝터와 다이 트랜스퍼에 의해 웨이퍼에서 다이 어태치(attach)로 공급된다.

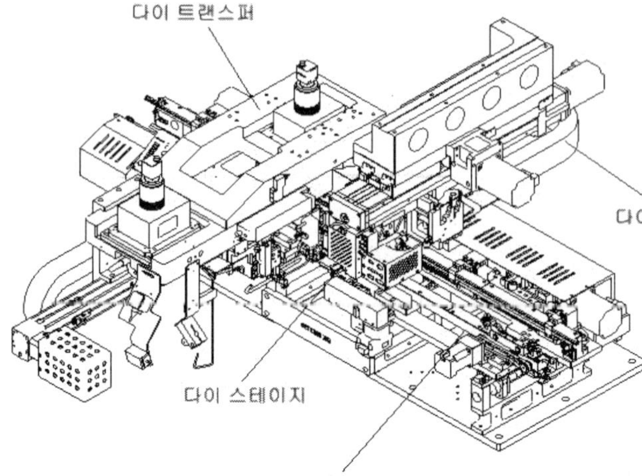

그림 3-18 다이이송장치

(1) 다이 이젝터(Die Ejector)

다이 이젝터(Die Ejector)는 다이 트랜스퍼가 다이를 쉽게 집어 갈 수 있도록 다이를 아래에서 위로 밀어 올려주는 역할을 한다.

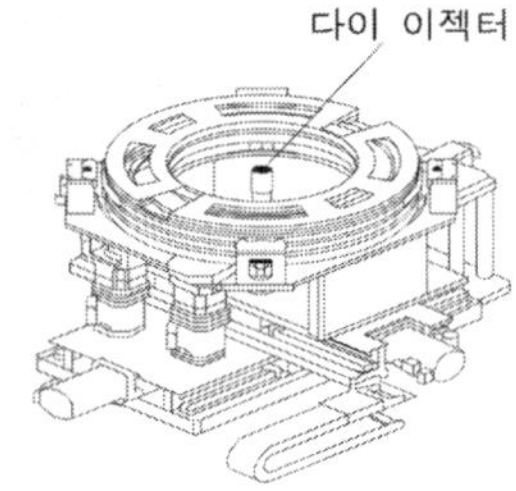

(2) 다이 트랜스퍼(Die Transfer)

웨이퍼에서 다이를 집어 올려 다이 어태치나 다이 스테이지에 전달한다.

(3) 다이 스테이지(Die Stage)

다이 스테이지는 다이트랜스퍼와 다이 어태치 사이에서 다이를 건내주는 역할을 한다. 다이 트랜스퍼가 다이 스테이지에 다이를 갖다 놓으면 다이 어태치가 집어간다.

(4) 다이 어테치(Die Attach)

다이는 다이 이젝터와 다이 트랜스퍼에 의해 웨이퍼에서 다이 어태치로 공급된다. 다이 어태치는 다이 트랜스퍼나 다이 스테이지로부터 다이를 가져다가 기판에 부착한다. 기판의 카메라는 다이가 접착될 셀의 위치를 확인한다.

(5) 본드 헤드(Bond Head)

콜렛(collet)을 장착하여 웨이퍼에 있는 다이를 PCB로 이동시키는 역할을 한다.

(6) 디스펜스 카메라(Dispense Camera)

레일로 들어오는 PCB의 Bad Mark 부분을 인식하여 스킵한다.

4) 기판 배출

■ 언로더(Unloader)

인덱스 아웃레일로부터 서브스트레이를 받아 매거진에 넣는다.

언로더는 매거진 공급, 배출 방향이 하부에서 공급되고 상부로 배출된다. 빈 매거진을 언로더의 아래 층에 놓으면 인덱스 아웃레일에서 나온 기판이 매거진으로 들어간다.

매거진이 기판으로 다 채워지면 윗 층으로 올라간다.

프리베이커를 통과한 기판은 인덱스 아웃레일 위에서 디스펜서, 다이 어태치, 그리고 원샷을 거쳐 언로더로 이동한다.

4. 구성 모듈

1) 픽업 툴

콜렛의 크기는 다이 크기의 60~90% 정도이다. 콜렛은 50,000번 정도 사용한 후에는 교체를 해주어야 하므로 사용시간을 모니터에 기록한다. 마그네틱 형태의 콜렛은 변형되거나 오염되면 교체해주어야 한다.

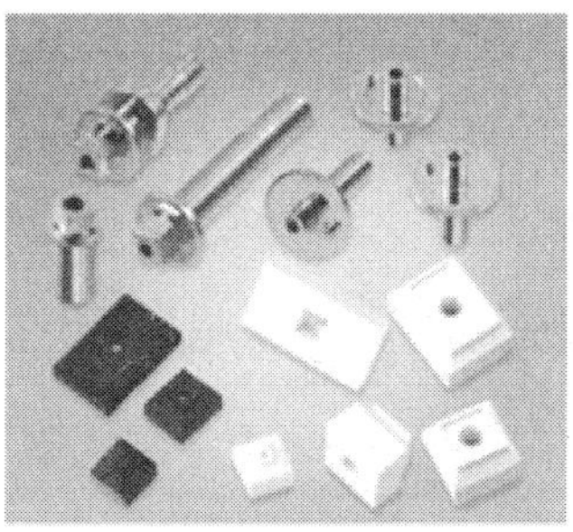

그림 3-19 다양한 콜렛

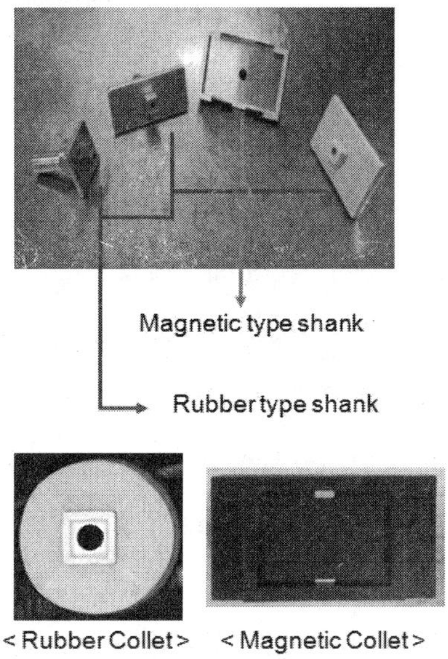

그림 3-20
다이를 잡아주는 콜렛의 종류

2) 플런저 핀(Plunger Pin)

플런저 핀은 웨이퍼에서 다이를 개별적으로 띄어낼 때 다이 뒷면에서 다이를 위로 밀어 올리는 기능을 하는 핀이다. 동작시 다이 균열이나 다이의 손상을 막기 위해 핀의 직경과 재료를 잘 선정해야 한다.

다이의 크기가 2mm 이상일 경우 플런저 핀과 다이의 소잉라인은 최소 0.5mm가 유지 되어야 한다. 플런저 핀의 수명은 일반적으로 6십 만 번이며 이 횟수가 넘어가면 교환해주어야 한다.

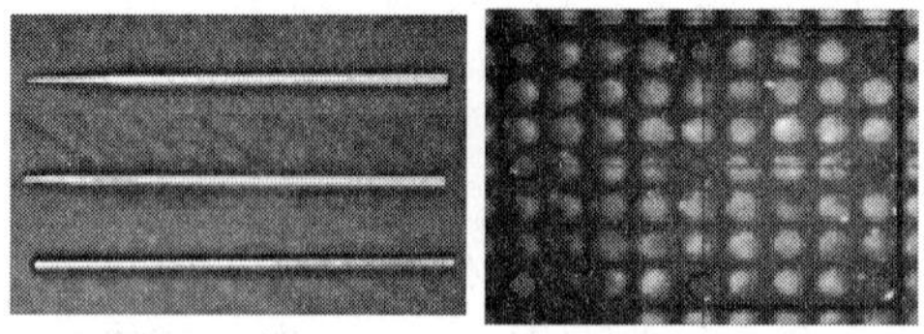

그림 3-21 플런저 핀

그림 3-22 플런저

3) 다이 접착제 소개

다이 접착제는 레진(resin)과 열경화 물질이 혼합되어 있어서 사용자가 배합하는 과정에서 발생할 수 있는 접착 품질의 균일도 문제를 없앴다. 다이 에폭시는 반응속도를 줄이기 위해 paste 형태는 -40℃ 이하, 필름 형태는 5℃ 이하에서 보관되도록 하고 있다.

열경화(Curing) 첨가제는 촉매제로서 레진의 중합화를 촉진하여 제품의 반응을 진행시킨다. 희석제는 접착제의 점착성을 제어하여 curing 공정에서 접착제가 제대로 기능을 할 수 있도록 한다.

다이 접착제는 전기적으로 도전성을 가지는 필러로는 메탈, 금, 은, 구리, 알루미늄, 니켈, 카본블랙 등이 있고, 도전성이 없는 필러로는 실리카, 알루미나 알미늄 나이트라이드, 다이아몬드 실리콘 카바이드, 폴리머 등이 있다.

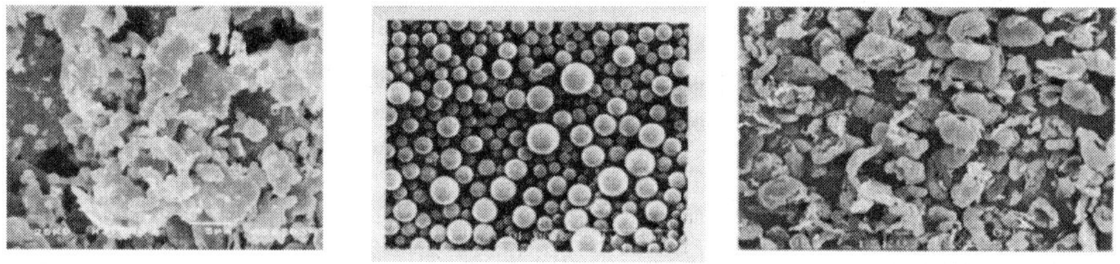

그림 3-23 비도전성 필러의 종류

표 4-1 다이본딩 접착제의 구성성분

Material	Function	Content
Epoxy Resin	Adhesion and Reliability	10~15%
Curing Agent	Effect to cure Temp., Time, and work life	5~10%
Accelerator	Reducing cure time and lower cure temp.	1~2%
Silver	Fluidity, electrical conduction, and thermal ext.	70~75%
Softener	After cure invest softness	2~3%
Diluents	Reduce viscosity and high workable	5~10%
Additional	Thixo troping agent and toughening agent	1~2%

- Inorganic: SiO2-Electrically
- Nonconductive

- Inorganic: SiO2
- Electrically nonconductive

- Organic: -(CF2-CF2)n-
- Electrically nonconductive
- Flexible
- Tm= 330℃

4) 에폭시 디스펜싱

에폭시 디스펜싱은 다이와 기판 사이에 void가 생기는 것을 방지하기 위하여 다이의 모양, 크기, 기판의 패턴에 따라 각각 다르게 진행한다. 5×5mm 이하의 작은 다이에 대해서는 점을 찍는 dotting 타입으로 에폭시 디스펜싱을 한다.

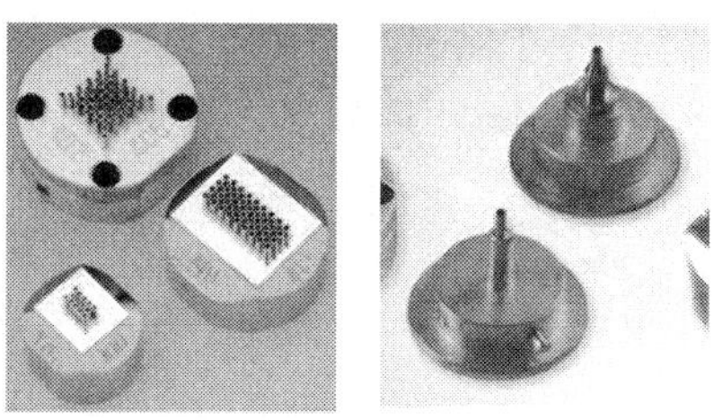

Showerhead Type　　Writing Type

그림 3-24 에폭시 디스펜싱 도구

그림 3-25 에폭시의 쓰는 동작

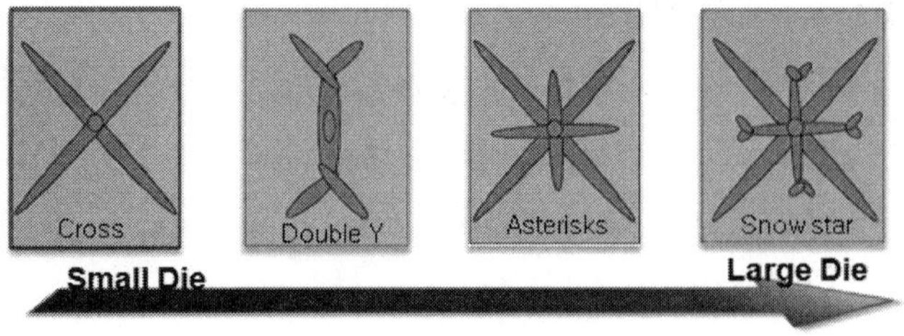

그림 3-26 작은 다이로부터 큰 다이로의 에폭시 형상

5) 웨이퍼의 오리엔테이션 플랫

웨이퍼에서 오리엔테이션 플랫(orientation flat)과 노치(notch)의 방향은 웨이퍼를 정렬 할 때 기준이 되는데, 웨이퍼 모델에 따라 달라지며, 바코드(bar code)의 위치도 웨이퍼 모델에 따라 달라질 수 있다.

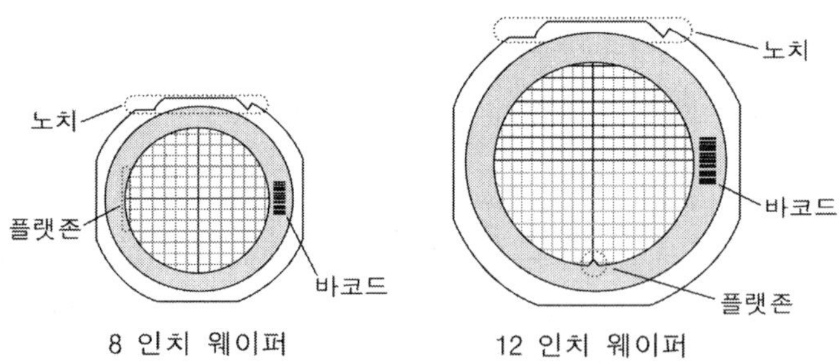

그림 3-27 웨이퍼의 종류에 따른 웨이퍼 링의 명칭

5. 다이본딩 공정 불량 및 대처 방법

1) 계면의 Void 현상

다이와 기판의 계면이 접착제에 의해 제대로 접착이 되지 않으면 void가 발생할 수 있으며, 이러한 void는 나머지 조립 공정을 진행하면서 반도체 패키지에 균열을 발생시키거나 습기 신뢰성 평가 시 팝콘 균열현상 등의 신뢰성 문제로 이어질 수 있으므로 철저하게 관리가 되어야 한다.

계면의 void를 보는 장비

Void 이미지

그림 3-28 SAT(Scanning Acoustic Test)

다이와 기판사이의 전도성 접착제를 사용하는 경우의 void는 x레이 장비를 가지고 검사를 하며, 비전도성 접착제의 경우는 초음파를 이용한 스캐닝 장비인 SAT(Scanning Acoustic Test)를 이용해 검사한다.

검사 결과 void 하나가 5%를 넘거나 전체 void가 20%를 넘으면 불량으로 판정한다.

2) 에폭시 커버리지(Epoxy Coverage)

에폭시가 적당량이 사용되었는지를 파악하는 것은 매우 중요하다. 에폭시의 양이 너무 많으면 몰딩 공정에서 다이의 위치가 변할 수 있고, 너무 적으면 void로 연결될 수 있다.

일반적으로 다이 주변에 적어도 75%가 나와 있어야 한다. 그러나 만약에 다이 에지와 에폭시가 도팅된 점 사이에 0.4mm 이하의 좁은 공간이 있으면 에폭시가 밖으로 나오는 것은 최소화되어야 한다.

에폭시 커버리지는 눈으로 보거나 저배율의 현미경을 이용해 판단한다.

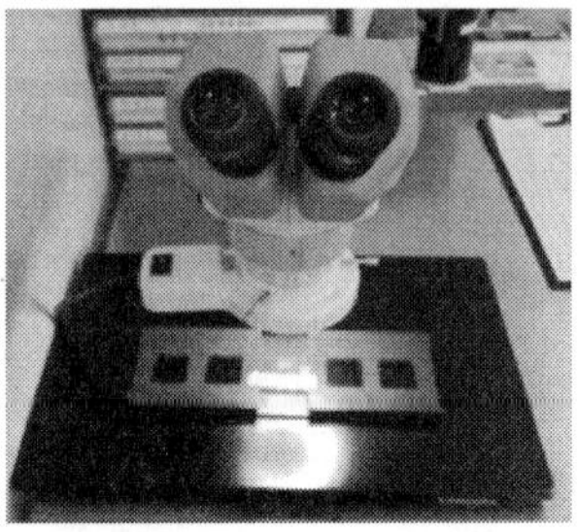

그림 3-29 저배율 현미경

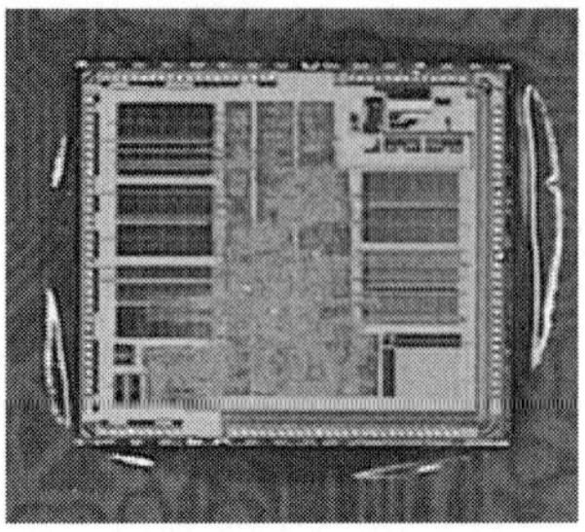

그림 3-30 에폭시 커퍼리지 이미지

3) 에폭시 필렛(Fillet) 높이

에폭시의 높이가 적당한지를 평가하는 것이 필요하다. 에폭시 필렛의 높이가 형성이 되어 있지 않으면 다이가 제대로 접착되지 않아 몰딩 공정에서 다이가 움직여 불량을 발생시킬 수 있다.

일반적으로 필렛의 높이는 다이 높이의 95%를 넘지 않은 것으로 조절되고 있으며 다이의 윗면을 넘지 않아야 한다. 필름 형태의 접착제의 필렛은 필렛 높이에 대한 기준을 가지고 있지 않다.

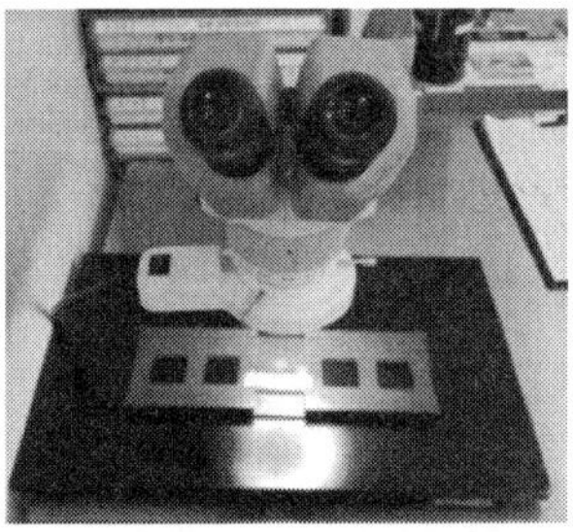

그림 3-31 저배율 현미경

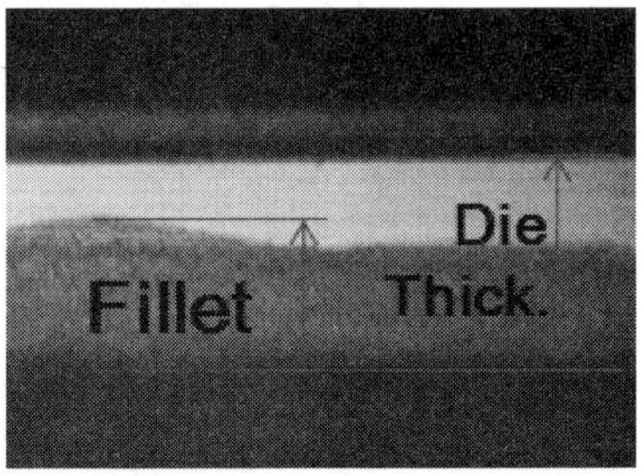

그림 3-32 에폭시 필렛의 높이

4) 본딩 라인 두께

에폭시 본딩 라인 두께 BLT(Bond Line Thickness)가 제대로 형성되어야 와이어 본딩 공정에서 불량이 발생하지 않는다.BLT는 void와도 연계가 있다. 다이 표면이 평평하지 않으면 와이어 본딩시 볼 형성이 제대로 되지 않아 패드와 연결이 되지 않을 수 있다.

검사는 고배율 현미경을 이용하여 다이 표면의 4개의 끝점에서의 접착제 두께를 curing전과 후에 측정한다.

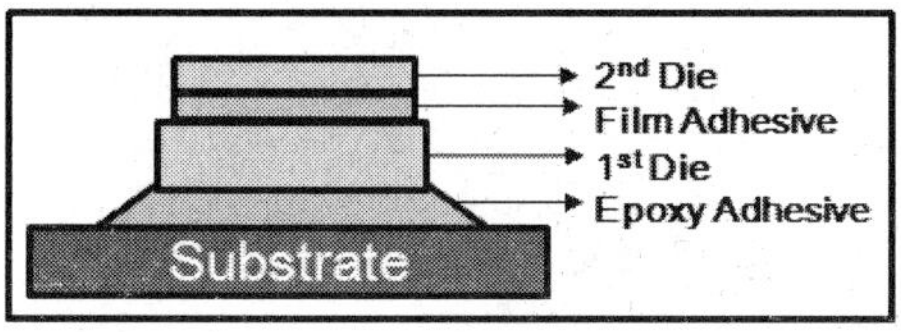

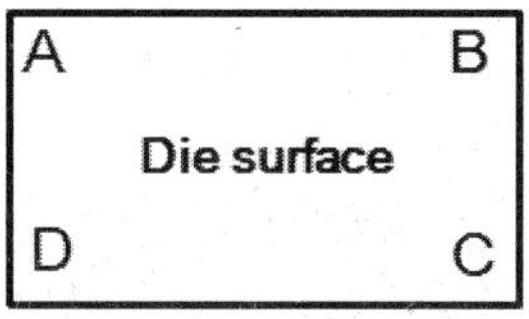

그림 3-33 본딩 라인 두께

5) 다이 위치

다이가 기판위에 제대로 놓이지 않으면 다음 공정인 와이어 본딩 공정에서 제 위치에 본딩이 되지 않아 문제가 발생할 수 있다. 다이는 패들(paddle)의 경계를 넘으면 안되고 본딩 다이아그램에 표시된 위치에서 2° 이상 회전하면 안된다. 육안 검사, 또는 현미경을 이용하여 검사한다.

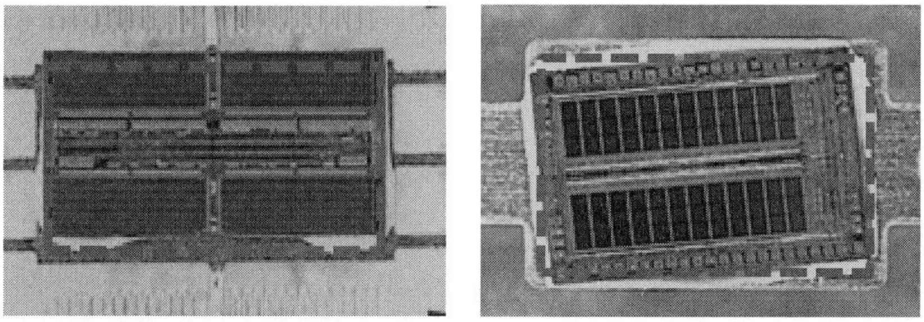

그림 3-34 다이가 회전하여 문제가 된 형상

6) 에폭시 오염

에폭시에 의한 다이 패드 오염이 생기면 다음 공정인 와이어 본딩 공정에서 와이어와 패드의 본딩이 안될 수 있으므로 이를 관리해야 한다. 전도성 접착제가 다이의 윗면까지 올라가거나 다이의 본딩 패드에 묻으면 안된다. 비전도성 접착제가 254um 크기로 본딩 영역이 아닌 곳에 있는 경우는 문제가 아닌 것으로 판단한다. 육안검사 또는 현미경 검사로 진행한다.

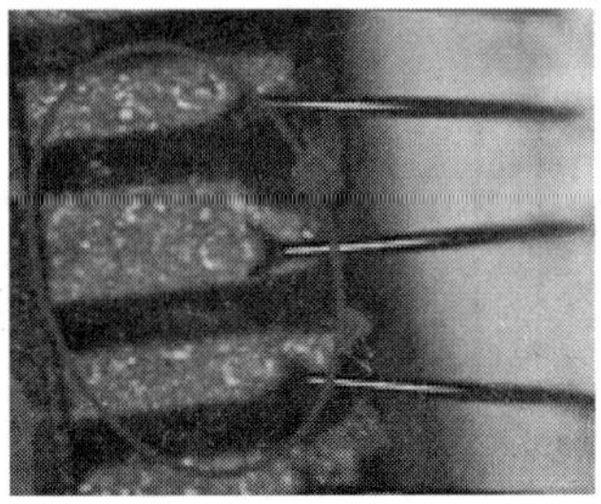

그림 3-35 리드 위 에폭시/ 다이 위 에폭시 형상

7) 다이 전단강도 평가

다이의 전단강도를 테스트하는 DST(Die Shear Test)를 실시하여 다이의 접합강도가 제대로 되어 있는지를 평가해야 한다. 다이 본딩이 제대로 되어 있지 않은 경우 몰딩 공정에서 다이가 움직이는 문제가 발생할 수 있기 때문이다.

DST는 전용장비를 이용하며 오븐 curing이후에 실시한다. 다이접합 강도는 에폭시 종류에 따라 다르며 제조회사에서 제시한 테이타 쉬트보다 값이 낮으면 문제가 있는 것으로 판정한다.

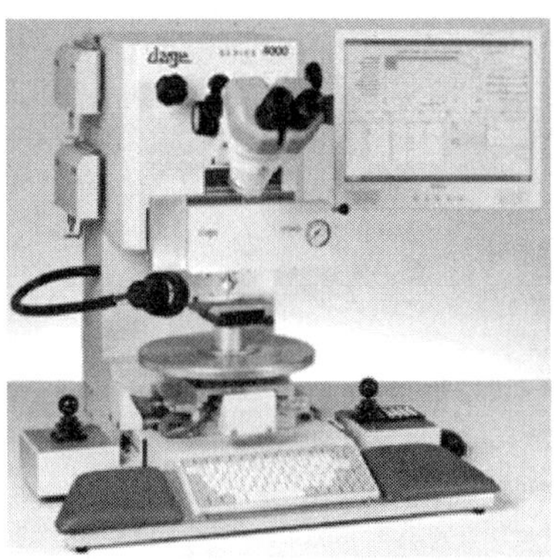

그림 3-36 DST 전용 장비

그림 3-37 DST시행 방법

연습문제

01 다이 본딩 공정에서 사용되는 비전 장비의 종류와 용도에 대해 설명하시오.

02 다이 본딩 공정에서 발생할 수 있는 불량의 종류에 대해 소개하고 설명하시오.

03 다이 본딩 공정에서 사용되는 다이의 접합 방법의 종류를 구분하고 설명하시오.

읽을거리

Semiconductor Humor

What assembly station is also Dr. No's favorite expression?

—Die Bond.

와이어 본딩 공정
(Wire Bonding)

04 Chapter

04 Chapter

와이어 본딩 공정 (Wire Bonding)

1. 와이어 본딩 공정 소개

와이어 본딩 공정은 다이 본딩이 완료된 상태에서 칩과 기판을 전기적으로 연결하기 위해 칩의 패드와 기판위의 패드를 와이어를 이용하여 연결하는 공정이다. 모든 패드를 연결해야 하는 작업이어서 소요되는 시간이 다른 공정에 비해 길고, 필요로 하는 장비의 수도 후공정 장비 중에서 가장 많다. 리드프레임, 또는 PCB 위에 다이가 본딩되어 있는 상태로 매거진 단위로 와이어 본딩 장비에 장착이 되면 금선(gold wire)으로 다이에 있는 패드와 리드프레임을 연결한다. 와이어 본딩이 완료된 리드프레임은 다른 매거진에 보관된다.

여러 개의 칩을 쌓은 후 몰딩을 하는 MCP(Multi Chip Packaging) 공정의 경우에는 와이어 본딩 해야 하는 칩이 많아지므로 더 많은 수의 와이어 본딩 장비가 필요해진다.

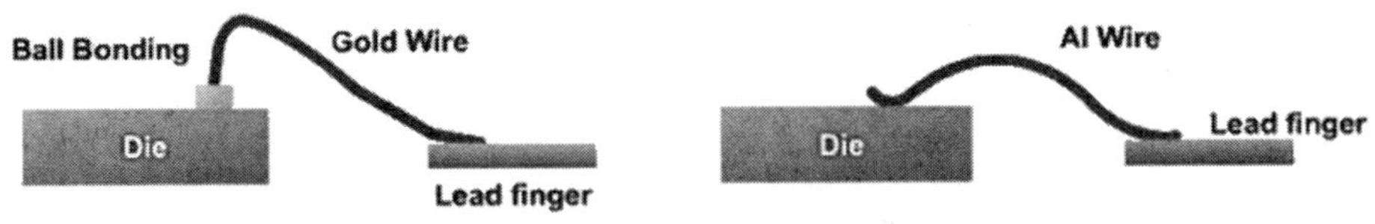

그림 4-1 와이어 본딩의 볼 본딩(Ball Bonding) vs 웻지 본딩(Wedge Bonding)

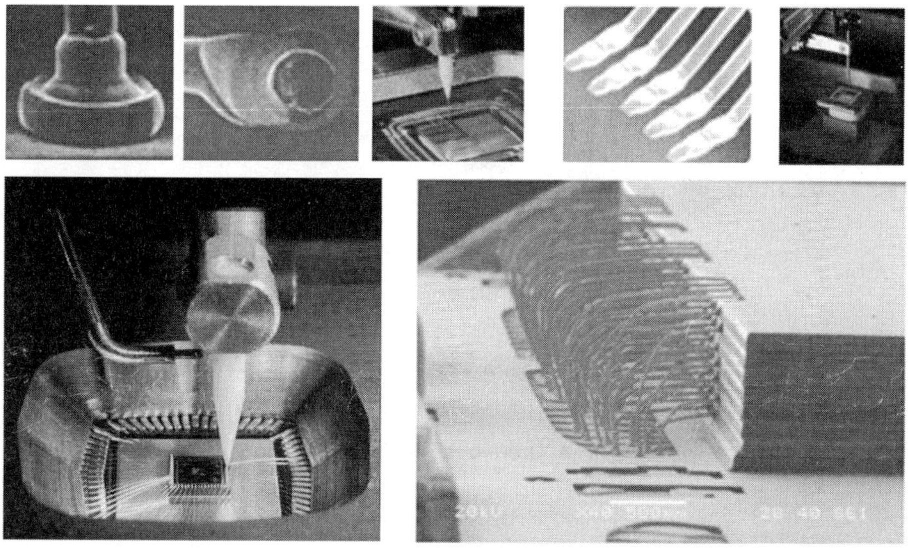

그림 4-2 본딩의 여러 형태

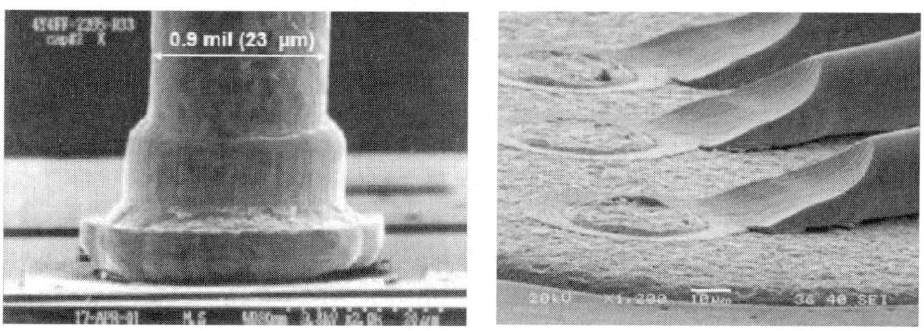

그림 4-3 볼 본딩 및 웻지 본딩의 전자현미경 사진

1) 와이어 본딩 종류

현재 사용되는 와이어 본딩 방식은 열-음파 볼 본딩(Thermo-sonic ball bonding), 초음파 웻지 본딩(Ultrasonic-wedge bonding), 열-압축 본딩(Thermo-compression bonding) 방식으로 나눌 수 있다.

Thermo-sonic ball bonding은 Ultra-sonic에너지, 가열부분, 본딩 시 가해지는 힘에 의해 본딩이 되는 형태이다.

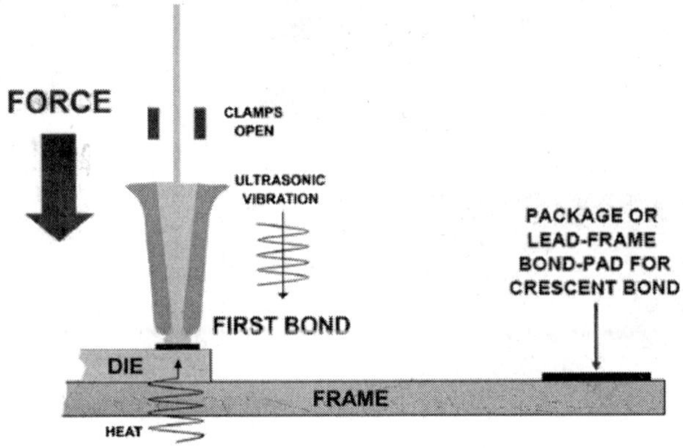

그림 4-4 Thermo-sonic ball bonding

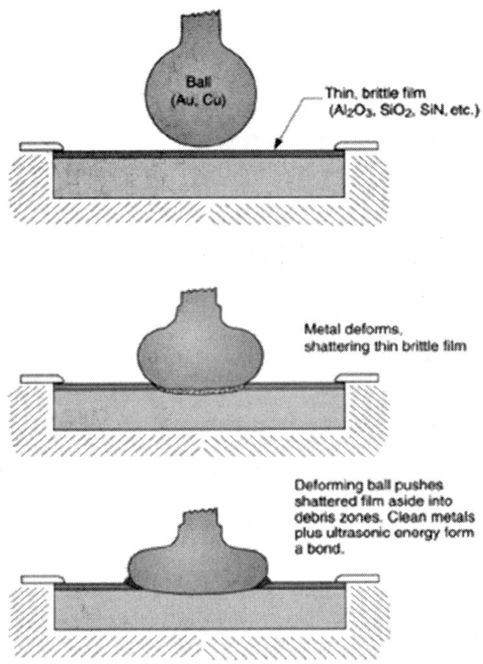

그림 4-5 볼 본딩이 진행되는 과정

Thermo-compression 본딩은 높은 본딩 힘과 낮은 초음파 파워, 고온의 환경 조건에 의해 이루어진다. 이러한 본딩은 GaAs 소자에 적용된다.

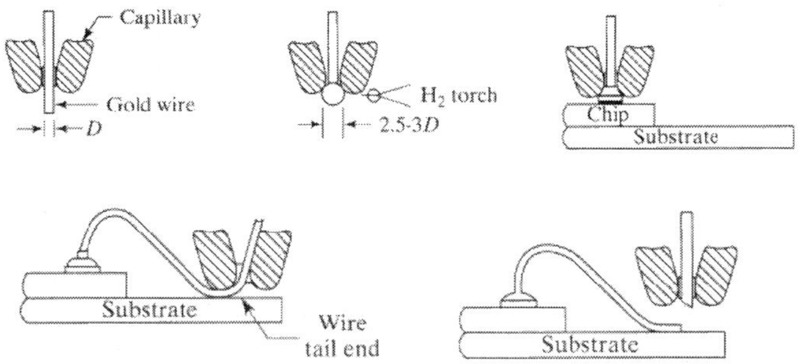

그림 4-6 와이어 본딩의 공정 순서

2) 초음파 본딩(Ultrasonic bonding)

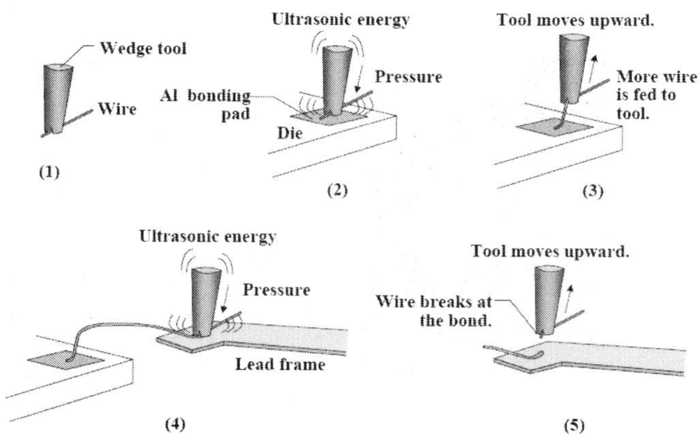

그림 4-7 초음파 본딩(Ultrasonic bonding)

표 4-1 각 본딩방법의 장/단점

본딩 방법	장 점	단 점
Thermo-sonic bonding	• Lower temperature than TC • 복잡한 루프 구현이 가능 • Non-directional ball bonding	• 오염에 예민함 • Some cratering potential • More set-up parameter required-Larger bond pad required
Ultrasonic wedge bonding	• Least sensitive to contamination • Al bond at room temperature • Excellent Al-Al bond • Simple parameter set-up	• Potentialcratering problem • Al wire unreliable on Ag • X-Y wire pad orientation required, slow auto bonding
Thermo-compression Bonding	• Simple parameter set-up • Negligible cratering	• High temperature required • Sensitive to surface contamination

Wirebonding	Pressure	Temperature	Ultrasonic energy	Wire	Pad
Thermocompression	High	300–500℃	No	Au,	Al, Au
Ultrasonic	Low	25℃	Yes	Au, Al	Al, Au
Thermosonic	Low	100–150℃	Yes	Au	Al, Au

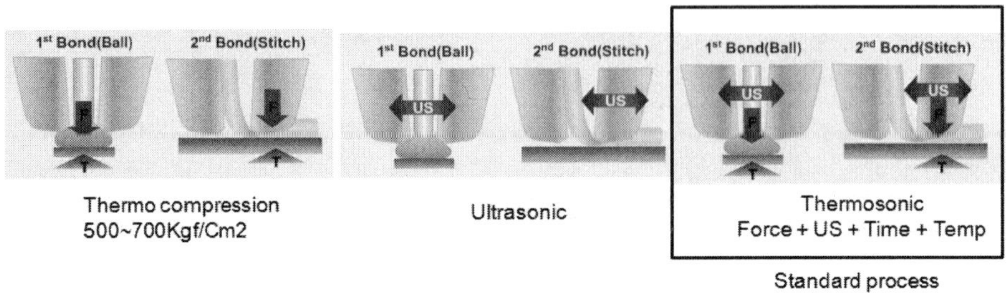

그림 4-8 본딩 방법 별 특성 비교

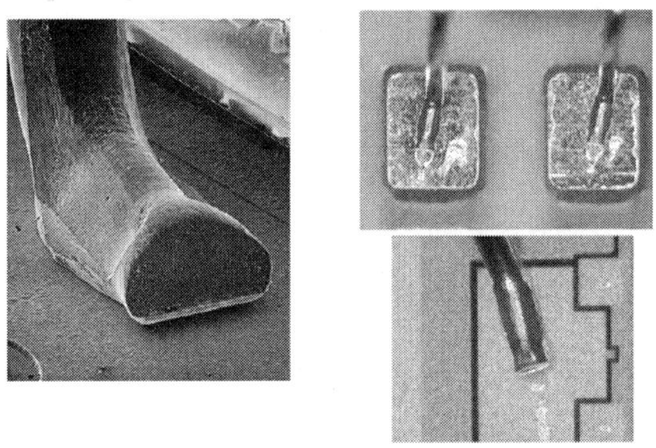

그림 4-9 초음파에 의한 웻지 본딩 형상

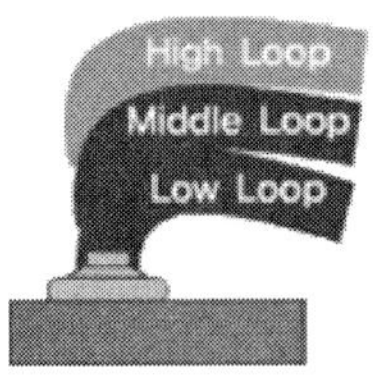

Purity	Loop Control	HAZ Length	Main Copant
4N	High	Long	Be, Cu
	Middle	Middle	Ca < 10ppm, Be < 10ppm Total < 50ppm
	Low	Short	Ca < 15~40ppm, Be < 10ppm Total < 100ppm
3N	Low	Short	Ca < 15~40ppm, Pd < 900ppm Total < 0.1ppm
2N	Middle Low	Short	Ca < 10~30ppm, Pd < 1.0ppm Total < 1.0ppm

그림 4-10 와이어 순도에 따른 와이어의 특성

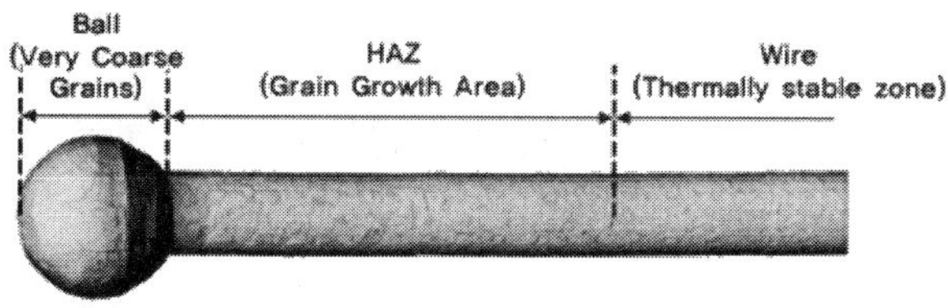

그림 4-11 열에 의해 영향을 받는 HAZ(Heat Affected Zone)

표 4-2 본딩에 사용되는 와이어의 종류

종 류	적 용
금선 (Gold wire)	90% of total wire usage. high purity 99~99.99%, high cost almost memory device.
알루미늄 선 (Aluminum wire)	• 세라믹 재료에 대한 웻지 본딩에 주로 사용 • 알루미늄 와이어의 Wedge - Wedge bonding은 ultrasonic energy를 이용하여 상온에서 이루어지는데, 고온으로 가열될 수 없는 제품의 와이어 본딩에 적용된다. • 주로 1~2mils의 대구경에 사용 • 성분 : Al, Al-1%Si(increase strength), Al-1%Si-1%Mg(reliability at the high temp.)
동선 (Copper wire)	비용이 낮으며 산화가 되면 본딩이 이루어지지 않으므로 N_2/H_2 가스를 사용해야 한다. 최근 순도 99~99.99%의 금을 대체하면서 그 적용범위가 늘어나고 있다.

그림 4-12 본딩에 사용되는 와이어의 종류

3) 와이어 본딩 공정 순서

그림 4-13 와이어 본딩공정 사진

Tip

Semiconductor Humor
What did Mr. Wedge and his son do when they went camping?
–Wedge Bonding.

(1) 본딩 시작

스타트 캐필러리의 끝부분에 와이어의 끝부분이 볼 모양으로 형성된 상태로 스파크 레벨에 대기 상태로 유지한다. FAB(Free Air Ball)는 캐필러리의 끝부분에 형성되며 크기의 일관성을 유지하기 위해 두 번째 본딩이 형성된 후에 tail 길이와 전기적인 불꽃(EFO, Electronic Flame-Off)이 일관성 있게 형성이 되어야 한다. 와이어의 tensioner는 FAB를 캐필러리 면의 중앙에 위치시켜서 볼의 형상이 대칭을 이룰 수 있도록 한다. 이러한 과정에 문제가 있을 경우에 "golf club ball bond"라고 하는 비대칭 형상이 나타날 수 있다.

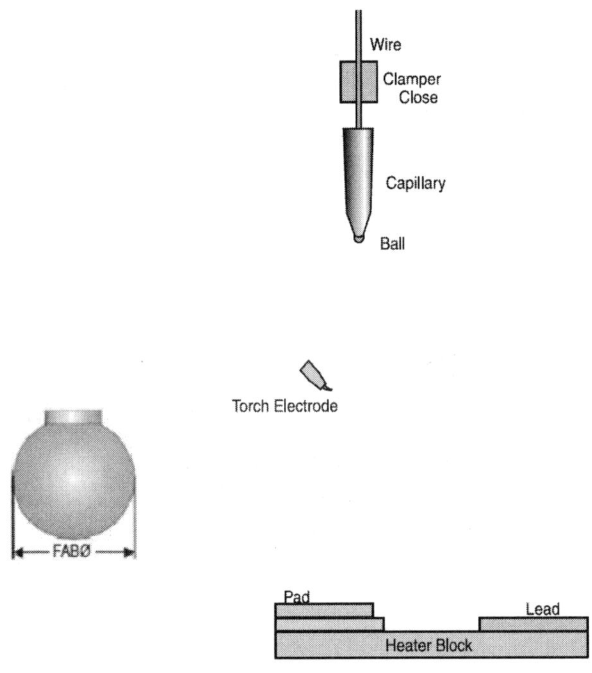

그림 4-14 볼 형성 후 본딩 대기 상태

(2) 캐필러리 하강

클램퍼가 열리고 캐필러리가 하강한다. 서치 레벨로부터 서치 속도로 감속해 패드 표면까지 하강해 볼과 패드 면이 접촉한다. FAB는 칩의 중앙에 위치해 있으며 충격 하중이 걸린 후 하중 본딩을 진행한다.

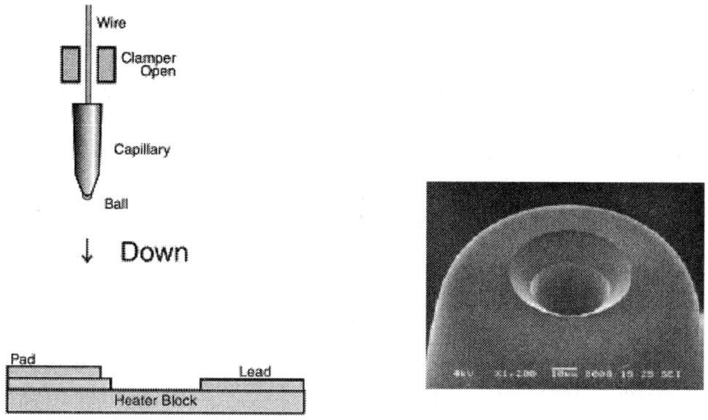

그림 4-15 캐필러리 하강

(3) 1차 본딩

볼과 패드 면이 접촉해 접합의 3 요소인 히트 블록에 의한 가열, 하중 본딩, 초음파 진동이 진행되어 캐필러리 안쪽의 챔퍼의 형상으로 볼이 형성이 된다. 볼이 눌려진 상태로 Au−Al 접합부에 금속간 화합물 접합이 일어나 패드와 와이어가 접속된다. 이 때 클램퍼는 열려 있는 상태이다.

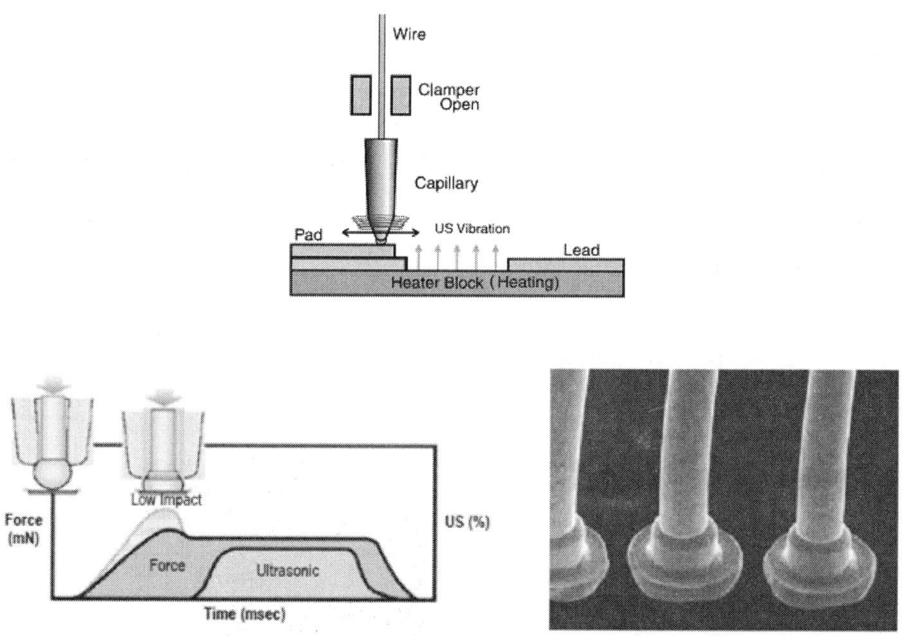

그림 4-16 1차 본딩

(4) 역방향 이동

볼 본딩이 진행된 후 적정한 루프를 형성하기 위해서 캐필러리는 상승하면서 역방향 이동을 하며, 미리 입력되어 있는 루프 모드로 컨트롤 된다. 루프를 형성하기 위해서 필요한 와이어가 캐필러리의 끝으로부터 인출된다. 클램퍼는 리버스 클램퍼 동작을 YES로 설정했을 때를 제외하고는 열려 있는 상태를 유지한다. 와이어의 루프는 캐필러리의 이동경로에 의해 형성이 되며 2차 본딩인 stitch 본딩을 진행하기 위해 이동한다. 와이어의 루프는 소자와 패키지의 형태에 따라 다양한 모드로 진행된다. 루프를 낮게 하거나 길게 만드는 것은 프로그램으로 만들어져 있는 루프 형성 알고리즘에 의해 진행된다.

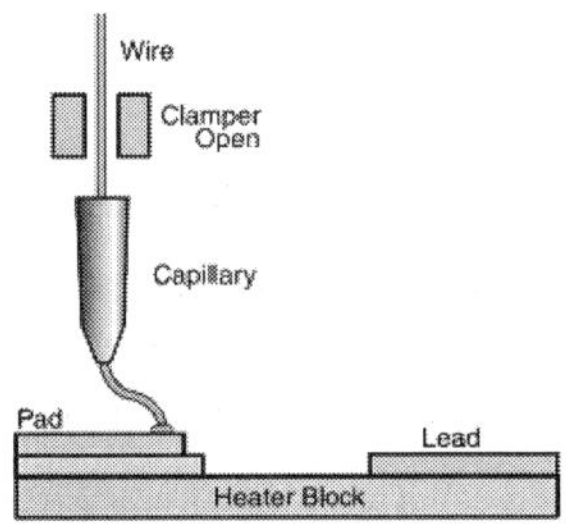

그림 4-17 역방향 이동

(5) 최상 지점 이동

캐필러리가 최상 지점에 도착하면 클램퍼는 개폐 수준을 0으로 설정했을 때를 제외하고는 닫혀있고, X축 테이블, Y축 테이블, Z축 테이블이 동시에 움직여 캐필러리가 리드 위치까지 이동한다.

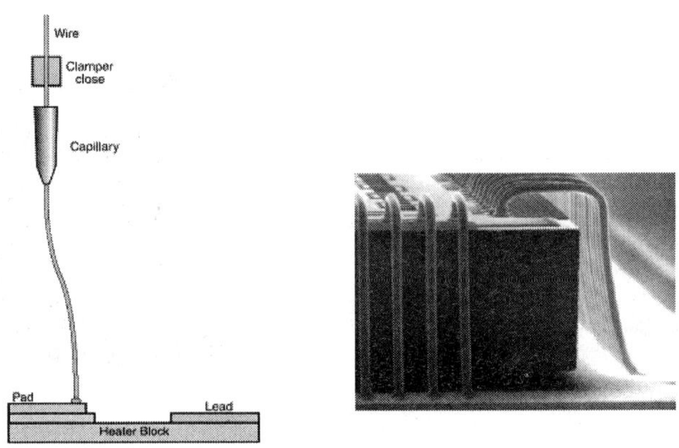

그림 4-18 최상 지점 이동

(6) 2차 본딩

캐필러리가 2차 본딩 지점으로 이동하면 볼 본딩과 유사하게 볼과 리드 면이 접촉해 접합의 3요소인 히트 블록에 의한 가열, 하중, 초음파 진동에 의해 스티치(stitch) 본딩이 이루어진다. 와이어가 눌러져 Au−Al 접합부에 금속간 화합물 접합이 일어나 리드와 와이어의 본딩이 이루어진다. 이 때 클램퍼는 열려 있다.

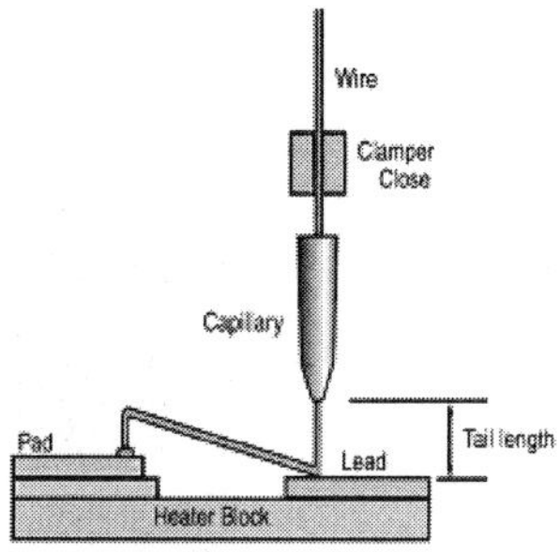

그림 4-19 2차 본딩

스티치 본딩부의 형상은 캐필러리 팁의 형상에 의해 영향을 받는다. Tip의 지름(T)은 stitch부 길이(SL), 바깥지름(OR)은 heel부분의 형상을 결정짓는다.

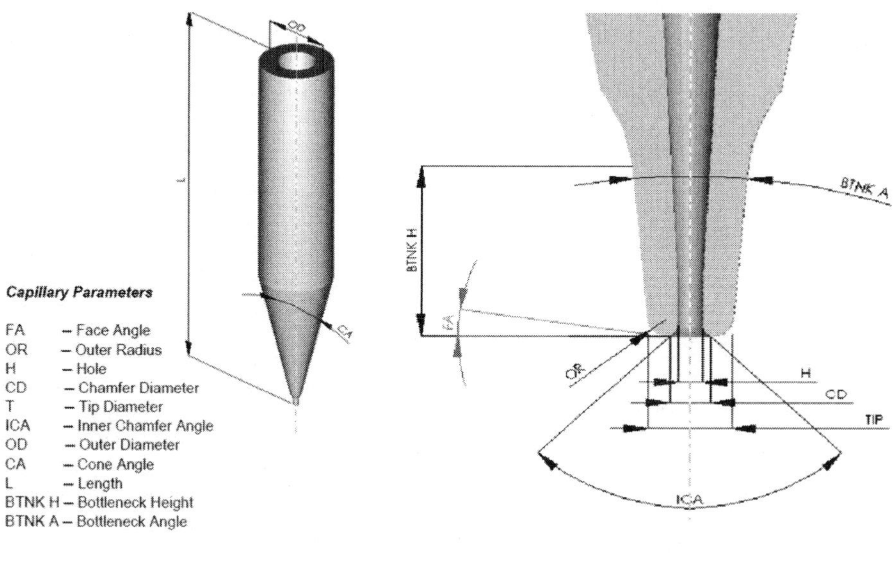

그림 4-20 본딩 캐필러리의 형상

(7) 테일 길이

캐필러리가 상승하여 미리 설정한 테일 길이에 이르면 클램퍼가 닫힌다.

(8) 와이어 컷

클램퍼가 닫혀진 채로 캐필러리는 한층 더 상승하므로 와이어는 리드 접합부에서 절단된다.

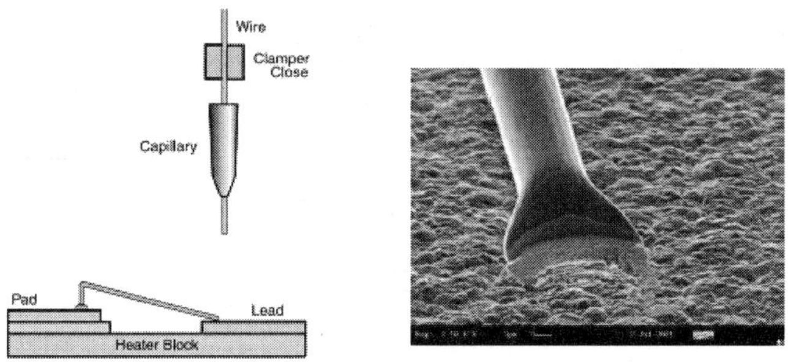

그림 4-21 와이어 컷

(9) 와이어 본딩 사이클 종료

이상의 동작이 와이어 본딩의 기본 사이클이다. 이후에는 X축 테이블, Y축 테이블이 이동해 같은 과정으로 다음의 동작을 수행하게 된다.

TIP

Semiconductor Humor
How can you tell if a wirebond operator is problematic?
–If all the bondwires come out depressed.

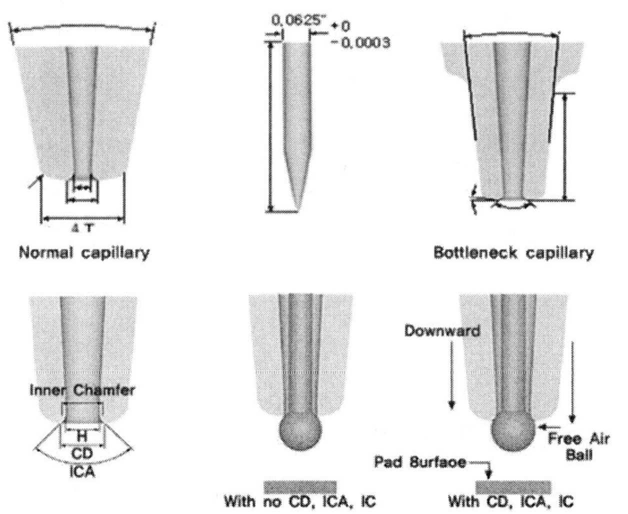

그림 4-22 캐필러리 내의 Free Air Ball

- H : Hole, determine wire diameter
- T : Tip diameter
- CD : Chamfer diameter, determine ball diameter
- ICA : Inner chamfer angle, control FAB

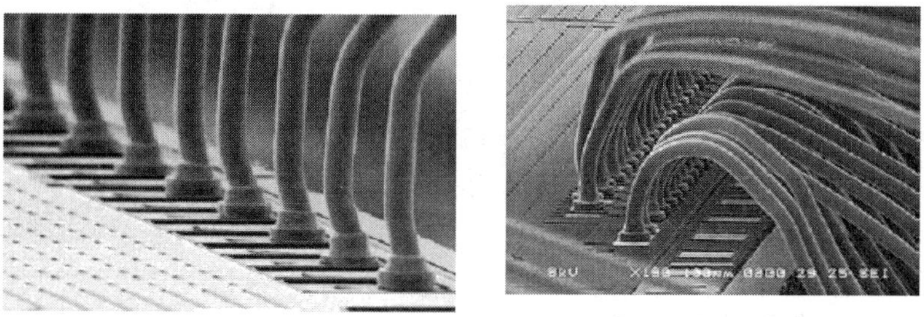

In-line Gold Ball Bonding　　Staggered Gold Ball Bonding

그림 4-23 다양한 와이어 본딩 형상

4) 와이어 본딩 공정 최적화

와이어 본딩 공정을 최적화하기 위해서는 볼과 웻지 본딩의 품질 제어가 중요하다. 이를 위해서는 본딩 관련 조건을 설정해 주어야 한다. 볼 본딩에서는 Upper Specification Limit(USL), Lower Specification Limit(LSL), 볼의 평균 높이, 지름과 전단응력을 설정해주어야 하고, edge 본딩의 경우에는 Lower Specification Limit(LSL)와 stitch 본딩 강도의 평균값을 설정해 주어야 한다.

FAB의 최적화는 설정된 볼 본딩 인자와 높이에 따라 FAB의 지름과 부피를 결정하게 되고, 이에 따라 EFO를 결정하여 진행한다.

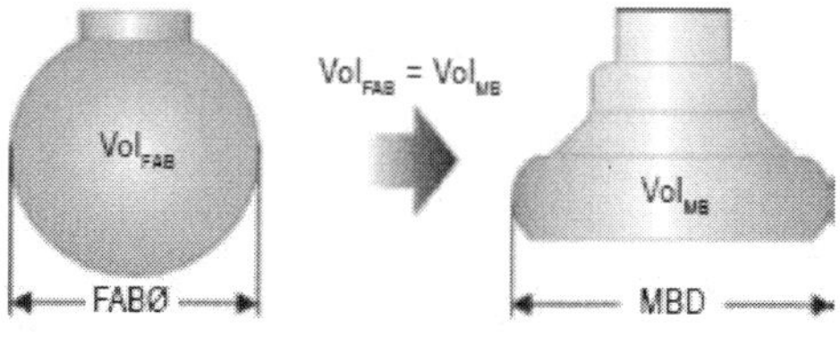

그림 4-24 Free Air Ball과 볼 본딩 체적 비교

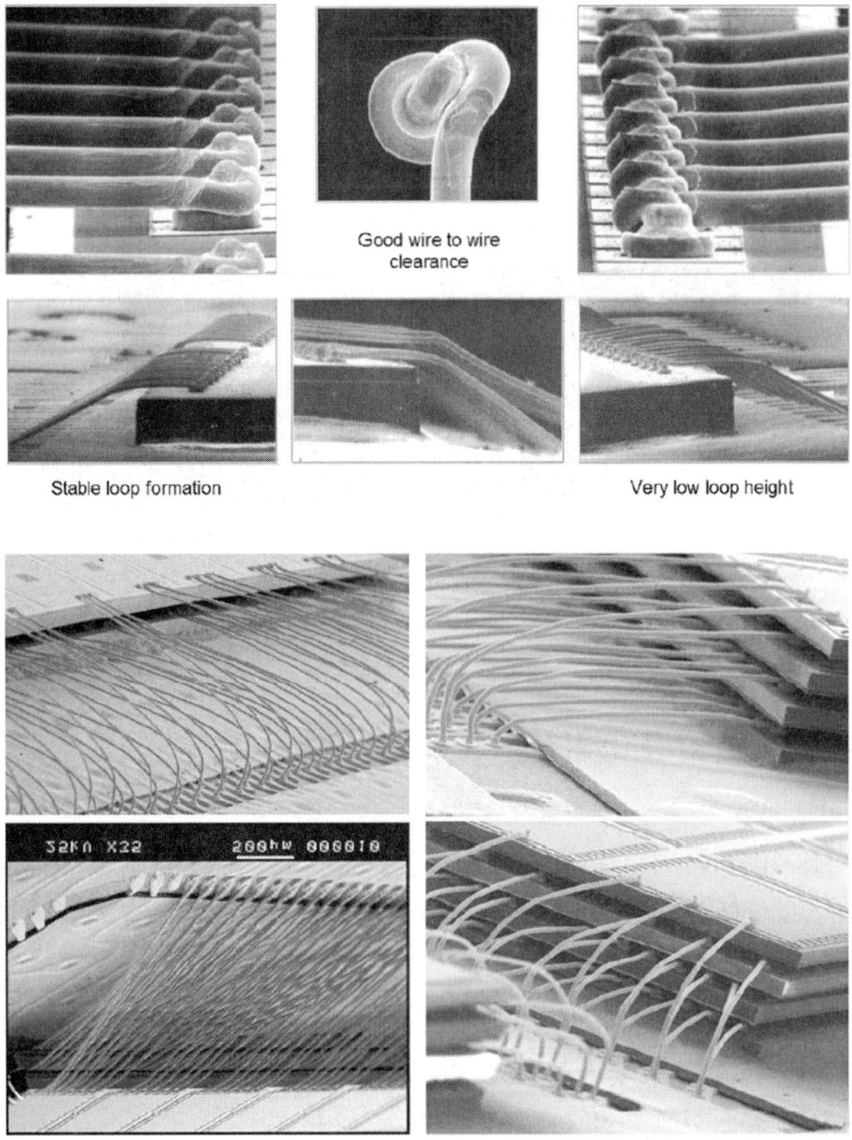

그림 4-25 다양한 와이어 루프

2. 와이어 본딩 장비 구조 및 모듈별 기능

1) 장비의 구조

와이어 본더는 웨이퍼를 다루는 부분과 기판을 다루는 부분, 웨이퍼상의 다이를 기판으로 옮기는 부분, 온도를 올리는 부분으로 나눌 수 있다.

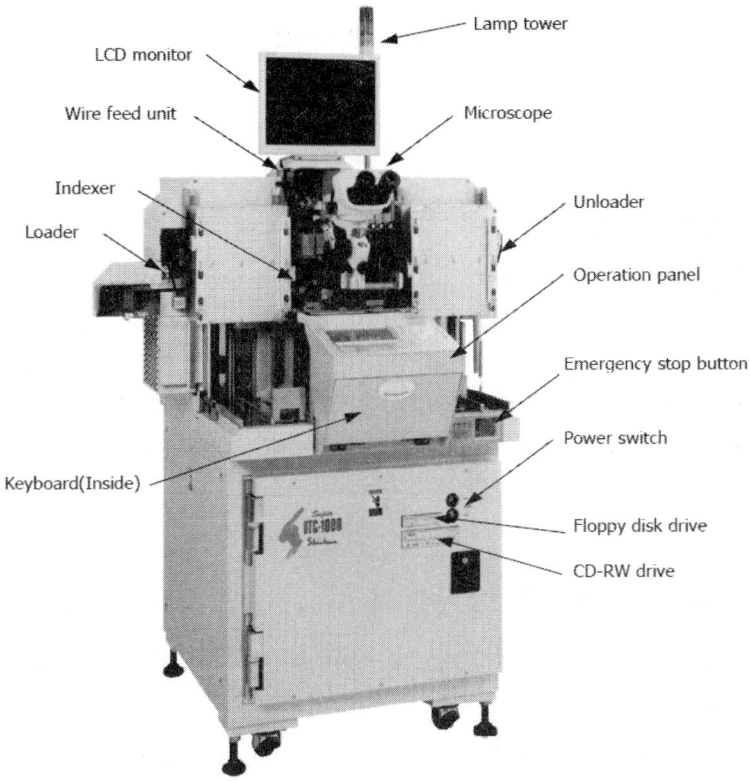

그림 4-26 와이어 본더

2) 모듈별 기능

(1) 제어판

제어판은 장비의 파워를 올리는 기능을 가진 Power On 스위치, 장비의 파워를 끄는 기능을 가진 Power Off 스위치, 데이터를 저장하는 플로피 디스크 드라이브와 CD-RW 드라이브로 구성되어 있다.

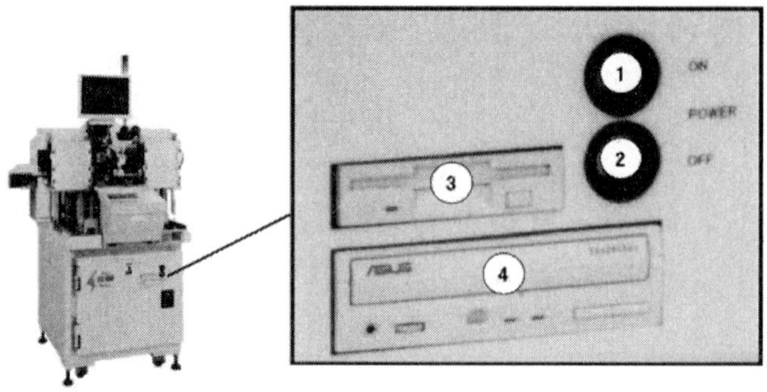

그림 4-27 제어판

(2) 조작판(operation panel)

장비의 전면에 본딩 작업을 시작, 중지, 각 조작에 대한 명령을 수행할 수 있는 스위치가 있다.

- 기능 키 ① : LCD 상에 각 기능키가 표시되어 있다.
- 제어 키 ② : 자주 사용되는 기능에 대한 버튼이 표시되어 있다.
- 자동 조작 시작/중지 키 ③ : 장비의 동작을 시작하고 중지하는 키이다.
- Shift 키 ④
- Cursor 키 ⑤ : 커서를 움직일 때 사용한다.
- Chessman ⑥ : 포인터를 움직일 때 Track ball을 사용한다. 왼쪽에 있는 버튼은 본드 포인트, 와이어, 메뉴를 나타내고, 오른쪽에 있는 버튼은 메뉴를 나타낸다.
- 키보드 : 키보드는 조작판에 있으며, 셋팅 값이나 오퍼레이터의 이름을 입력할 때 사용한다.

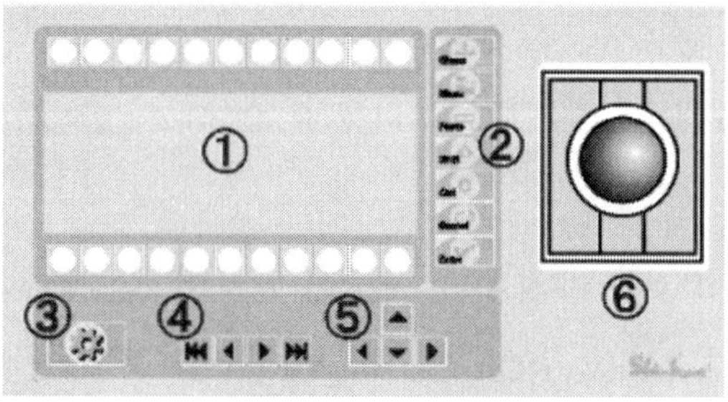

그림 4-28 조작판

(3) 로더 유닛

매거진에 장착된 리드프레임을 공급하는 역할을 수행한다.

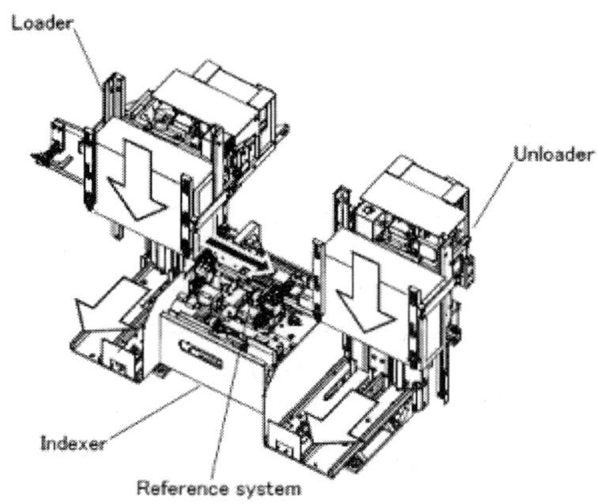

그림 4-29 로더 유닛

(4) 인덱스 유닛

리드프레임을 잡아서 본딩 위치로 이송하여 와이어 본딩을 수행한 후 언로더로 옮기는 역할을 한다.

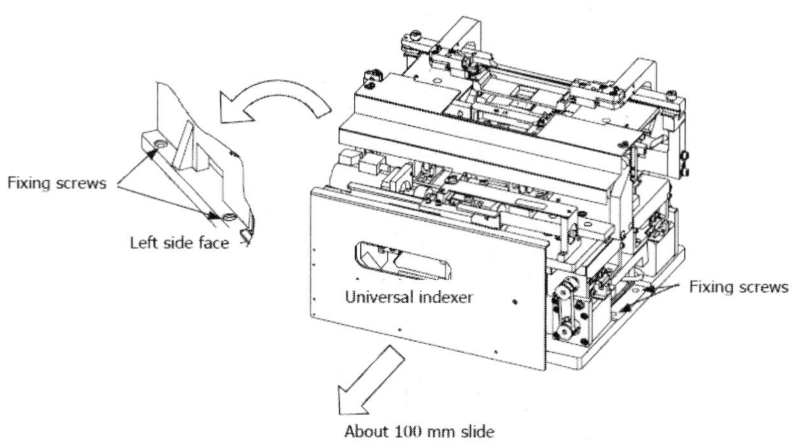

그림 4-30 인덱스 유닛

(5) 기준 시스템

툴과 카메라 사이의 오프셋을 측정하여 오프셋 값을 자동적으로 보정해주는 역할을 수행한다.

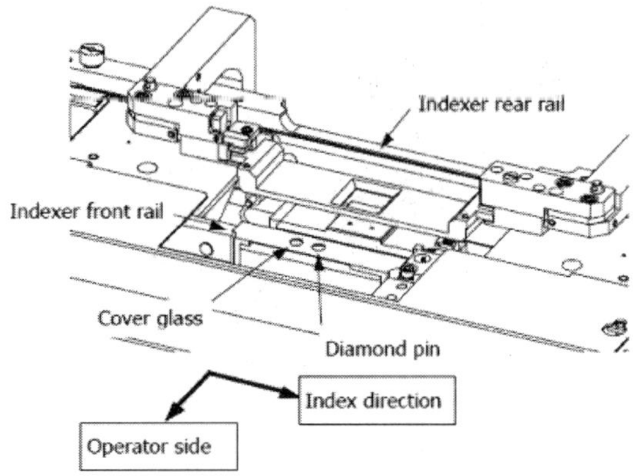

그림 4-31 기준시스템 하드웨어

(6) 언로더 유닛

와이어 본딩이 끝난 리드프레임이 보관되는 유닛이다

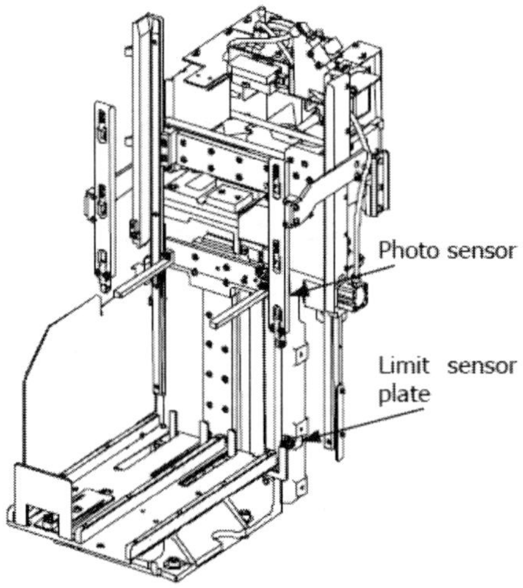

그림 4-32 언로더 유닛

(7) 와이어 피드 유닛의 주변 장치

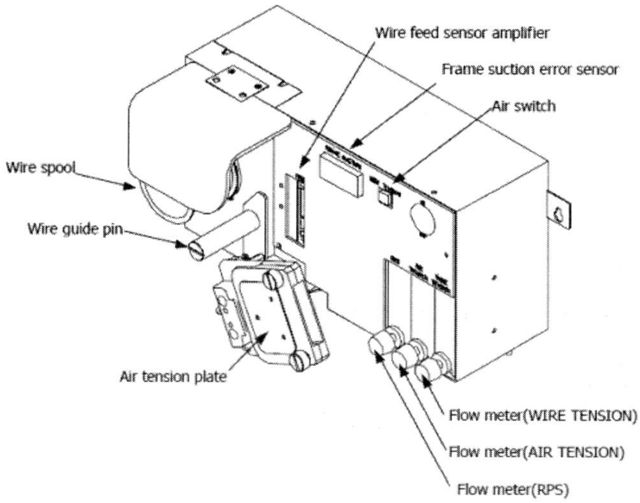

그림 4-33 와이어 피드 유닛의 주변 장치

① 스풀(Spool)

와이어를 피딩(feeding)하기 위해 자동으로 회전한다.

② 유량계

다음의 세종류의 유량계는 공기의 유량을 제어하기 위해 사용된다.

기 능	Flow(Max. value)	스위치
Wire tension	2 l /min	Wire Tension
Air tension	20 l /min	
Reference unit cooling	20 l /min	–

③ 에어 텐션 플레이트(Air tension plate)

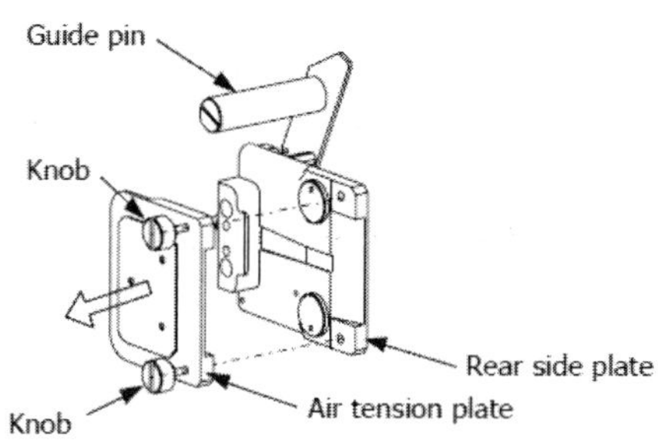

그림 4-34 에어 텐션 플레이트

④ 에어 스위치

와이어 텐션과 공기 텐션을 위한 공기 흐름을 제어하는 스위치이다

⑤ 진공압력센서

리드프레임을 잡아주는 역할을 수행하는 센서이다

(8) 본딩 헤드의 주변장치

① Z-드라이브

리니어 보터가 캐필러리를 위 아래로 움직인다.

② 와이어 클램퍼(wire clamper)

본딩 와이어를 잡고 있는 기구이다.

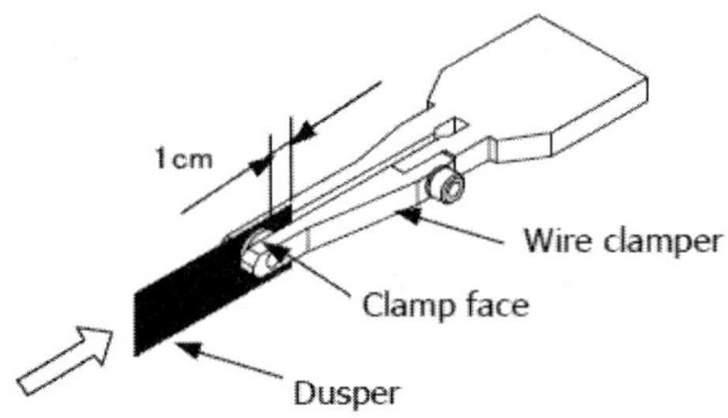

그림 4-35 와이어 클램퍼

③ 토치 일렉트로드(Torch electrode)

와이어 끝을 볼 모양으로 만들기 위해 전기 스파크를 발생시키는 부분이다.

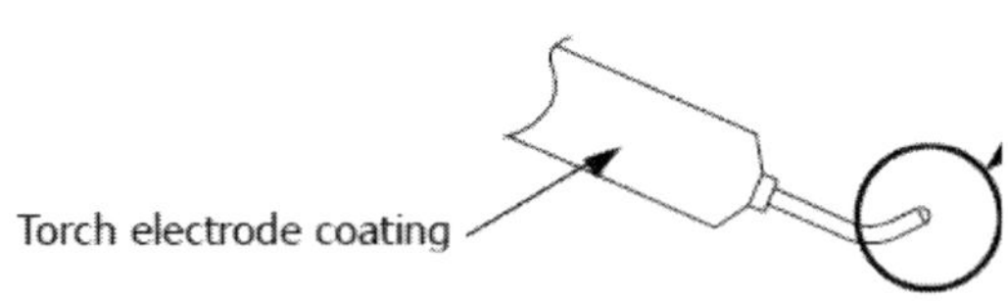

그림 4-36 토치 일렉트로드

④ 와이어 텐셔너(Wire tensioner)

와이어를 일정 수준의 팽팽한 상태로 유지하는 기구이다.

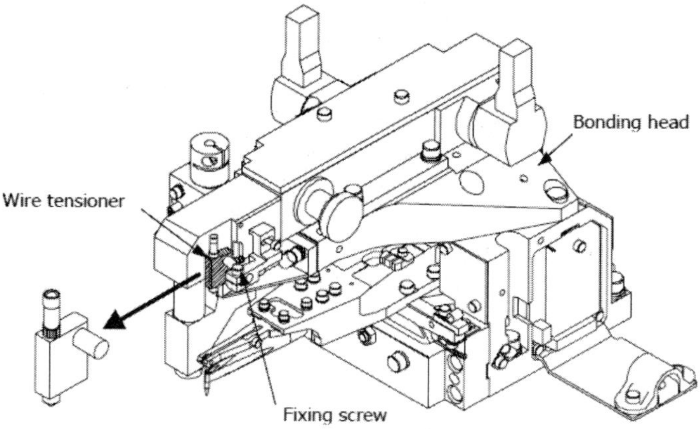

그림 4-37 와이어 텐션너

⑤ 카메라 섹션

디바이스의 종류에 따라 고배율과 저배율의 렌즈를 이용하여 확대해서 보여주는 기구이다.

⑥ 조명부(중앙 조명)

LED를 카메라 렌즈부에 설치하여 본딩부를 비춰주는 기구이다.

⑦ 조명부(외곽 조명)

LED 링조명 형태로 본딩부를 비춰주는 기구이다.

(9) XY 유닛

리니어 모터를 이용하여 본딩이 적절하게 이루어질 수 있도록 고속, 고정도로 움직이는 유닛이다.

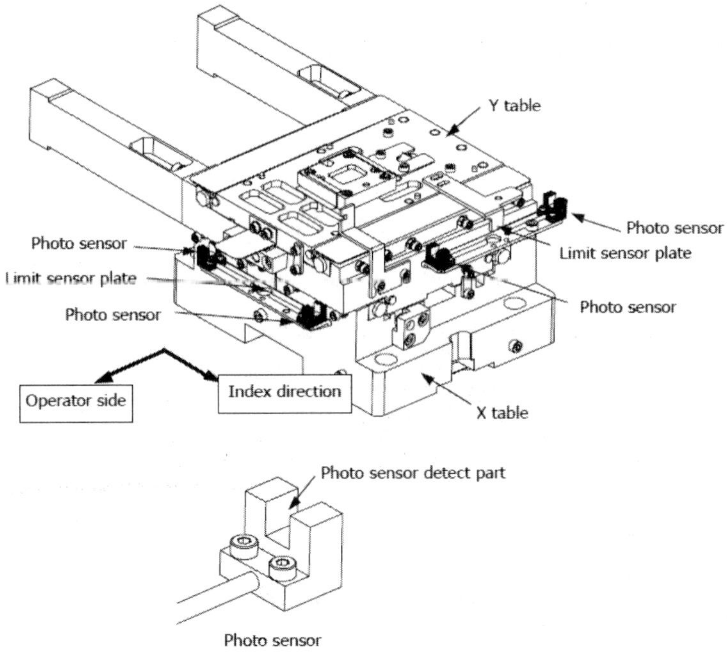

그림 4-38 XY유닛

(10) 브레이커 유닛

그라운드 리키지 브레이커이다.

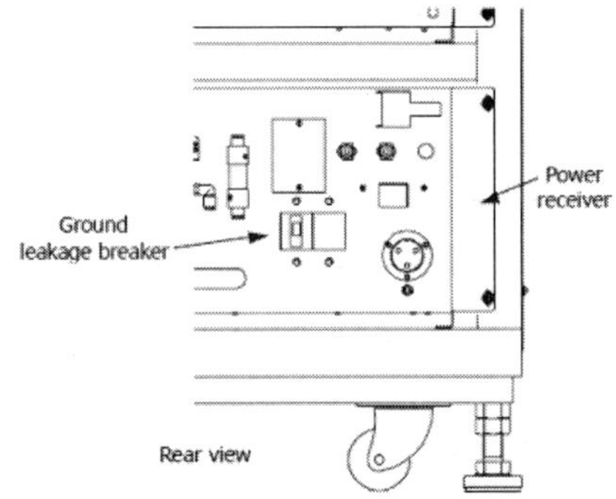

그림 4-39 브레이커 유닛

(11) 램프 타워

장비의 상태를 나타내는 램프이다.

(12) 비상정지버튼

이상상황이 발생했을 때 장비의 가동을 정지시키는 버튼이다.

3. 와이어 본딩의 불량 사례 및 대응 방법

1) 불량사례 및 대응 방법

(1) 비대칭 볼 본딩

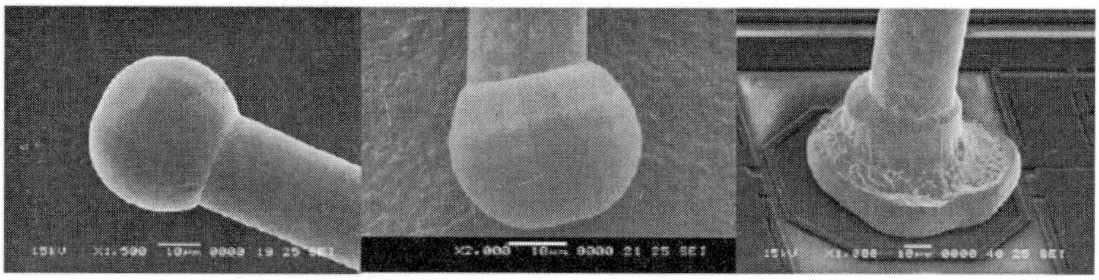

그림 4-40 비대칭 볼 본딩 불량

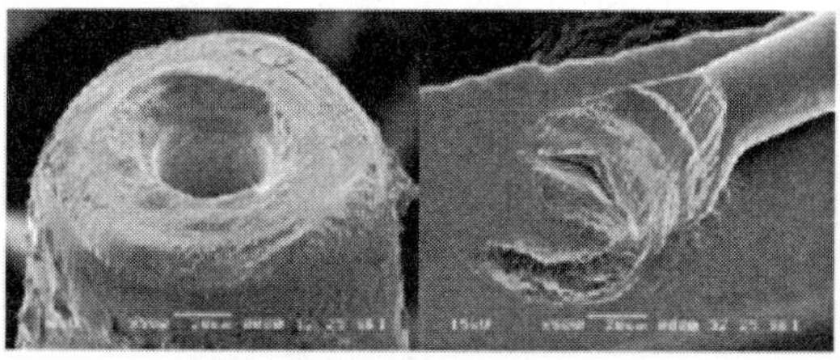

그림 4-41 Capillary load-up causing stitch reliability problem

원 인	대응 방법
Wire path not clean	Clean wire path
Wire contaminated or incorrect size	Replace wire
Worn, damaged, or wrong capillary	Replace capillary
wire tensioner air not turned on or insufficient air pressure	Adjust pressure as needed
Dirty wire clamp	Clean wire clamp

(2) Non Stick of ball on bond pad

The amount of energy applied between the ball bond and pad is not sufficient And contamination of bond pad.

원 인	대응 방법
Incorrect ultrasonics	• perform USG calibration • Check capillary clamp screw torque • Check transducer
Incorrect bonding parameter	Check temperature, power, time, bond force, ball size, and wire size setting.
Capillary does not touch work surface	Select Relearn Bond Height from upper function buttons
Temperature not correct	Check preheat and bond site

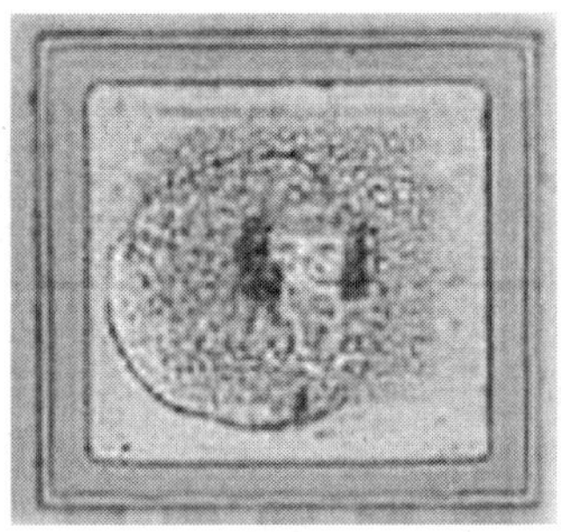

그림 4-42 본드 패드의 오염으로 인한 Non-stick 불량

(3) Non stick of 2nd bond on lead finger

Bad clamping, Dirty capillary, Lead 오염 등에 의해 나타날 수 있다.

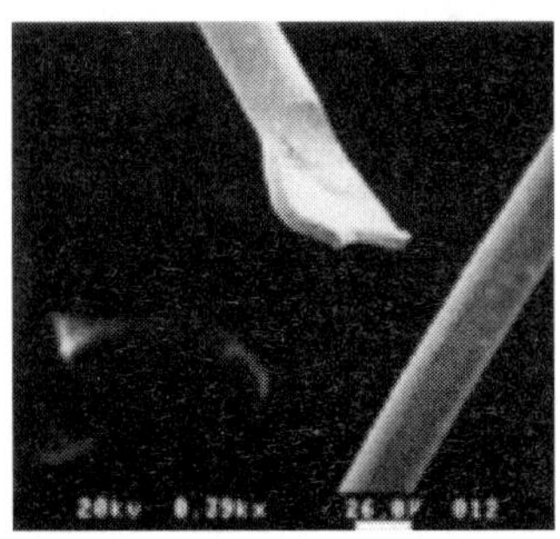

그림 4-43 본딩 웻지가 패드에서 떨어지는 불량

원 인	대응 방법
Incorrect ultrasonics	• perform USG calibration • Check capillary clamp screw torque • Check transducer
Incorrect bonding parameter	Check temperature, power, time, bond force, ball size, and wire size setting.
Capillary does not touch work surface	Select Relearn Bond Height from upper function buttons
Temperature not correct	Check preheat and bond site

(4) Ball Short 불량

본딩 조건을 상향하여 셋업하였을 경우 나타날 수 있으며, 볼 변형, 불안정한 Stitch조건에 의해 나타날 수 있다.

그림 4-44 Ball Short 불량

원 인	대응 방법
Ultrasonics & Force set too high	Reduce ultrasonic & Force power or time
Ball or wire size set too small.	Change setting for correct ball or wire size
Bond Force calibration not taught	Perform bond force calibration
Early impact due to change in die height	Select Relearn Bond Height from upper function buttons

(5) 볼 변형 불량

부적당한 골드와이어 물성, FATB가 너무 작거나 너무 클 경우, 불충분한 본딩 조건에 의해 발생할 수 있다.

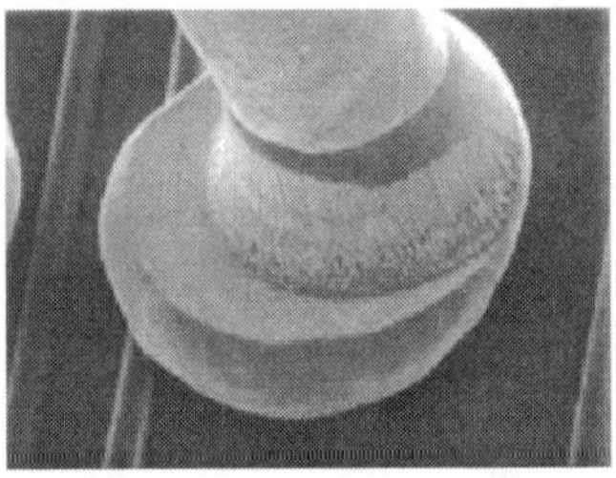

그림 4-45 볼 변형 불량

원 인	대응 방법
Ultrasonics & Force set too high	Reduce ultrasonic & Force power or time
Ball or wire size set too small.	Change setting for correct ball or wire size
Bond Force calibration not taught	Perform bond force calibration
Early impact due to change in die height	Select Relearn Bond Height from upper function buttons

(6) Wire sagging 불량

부적당한 루프 조건, 부주의한 핸들링 등에 의해 발생할 수 있다.

그림 4-46 와이어 새깅 불량

원 인	대응 방법
Second bond placement too close to end of lead	Reteach placement of second bond
Too much wire in loop	Adjust looping parameters
Incorrect wire size	Replace with correct size wire or install correct capillary
Bond height not set correctly	Select Relearn bond height from upper function buttons

(7) 와이어 끊어짐 불량

외부로 부터의 힘, 타이트한 루프 형성, 바운싱 효과 등에 의해 발생할 수 있다.

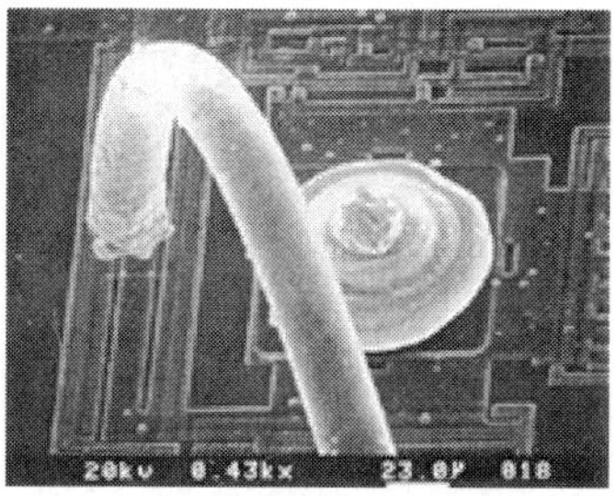

그림 4-47 볼 Neck에서의 끊어짐 불량

원 인	대응 방법
Loop parameter incorrect	Adjust loop parameter
Not enough wire for loop length	Adjust looping parameters
Kink height too low	Increase kink height

(8) 크레이터링(Cratering) 불량

본딩 패드 아래 발생하는 크레이터링은 본딩 조건에 의해 발생할 수 있으며, 패드메탈이 너무 얇을 경우 주로 발생한다.

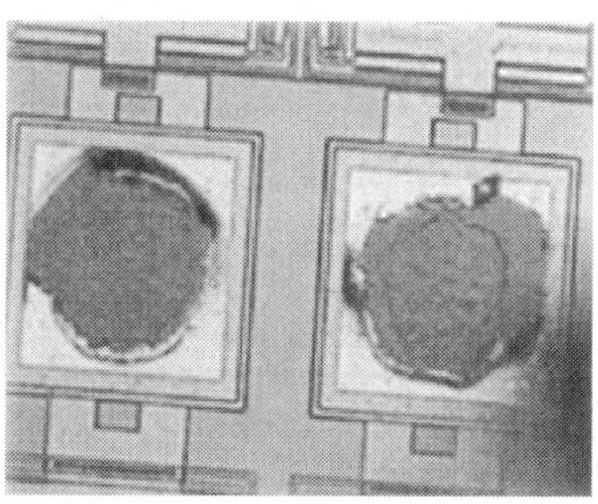

그림 4-48 크레이터링(Cratering) 불량

원 인	대응 방법
Ultrasonics & Force set too high	Reduce ultrasonic & Force power or time
Bond Force calibration not taught	Perform bond force calibration
Incorrect material	Select correct material

(9) 잘못된 본딩 불량

본딩 다이어그램과 디바이스의 미스 매칭으로 발생할 수 있다.

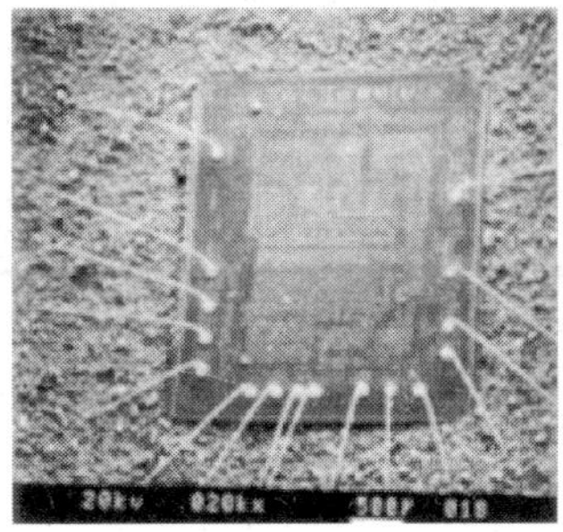

그림 4-49 잘못된 본딩 불량

원 인	대응 방법
Human Error	Check BD Diagram

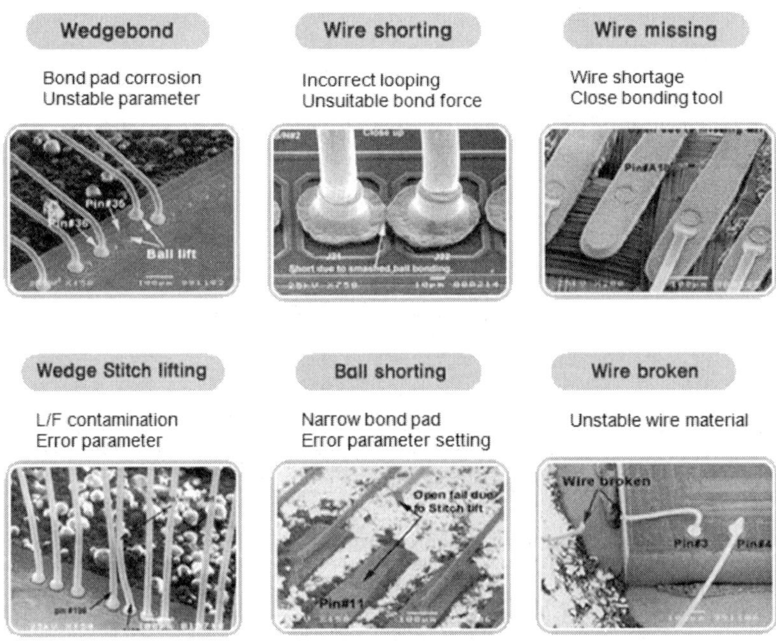

그림 4-50 와이어 본딩 불량사례

4. 장비의 운영

※ Recipe 작성 : 일반적 장비(공통부분) 기준

1) 본딩 전검사(Full Test)

본딩 테스트는 와이어가 소자에 얼마나 잘 본딩이 되어 있는지를 평가하기 위한 가장 일반적인 방법으로 알려져 있다.

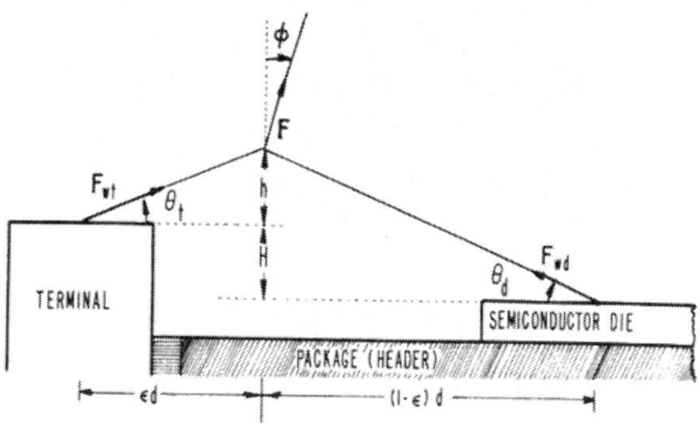

그림 4-51 본딩 Full test시 하중계산하는 방법

그림 4-52 본딩 Full test 장면

2) 볼 전단력 테스트

볼 전단력 테스트는 볼이 패드에 얼마나 잘 본딩되어 있는지를 평가하기 위해 사용된다. 볼 전단력 테스트는 볼과 패드의 intermetalic 형성에 대한 정보를 제공한다. 결과는 볼이 형성된 면적에 대한 gram force를 정량적으로 측정하여 제공한다.

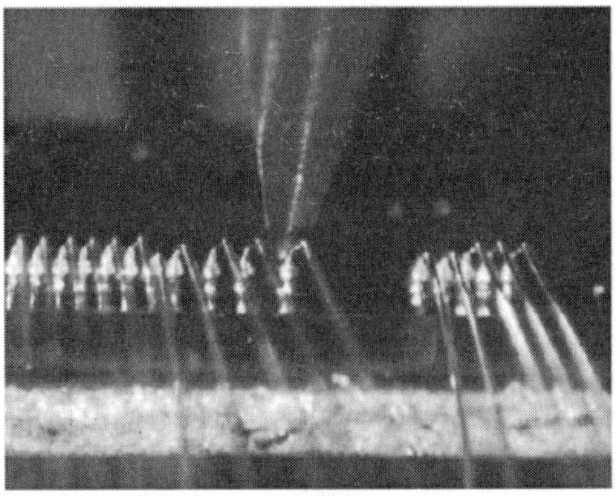

그림 4-53 볼 전단력 테스트 장면

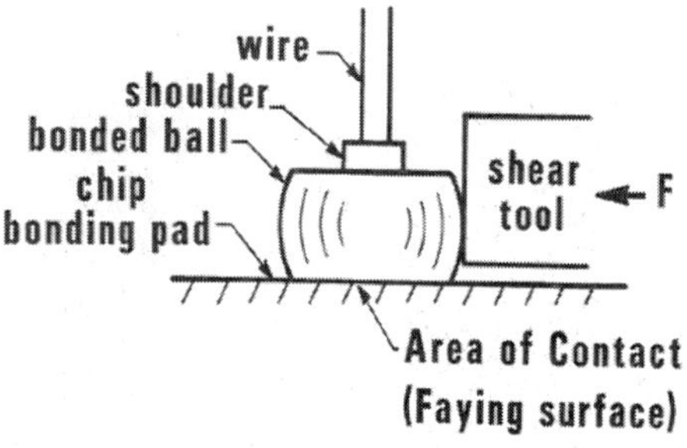

그림 4-54 볼 전단력 테스트의 다른 모드

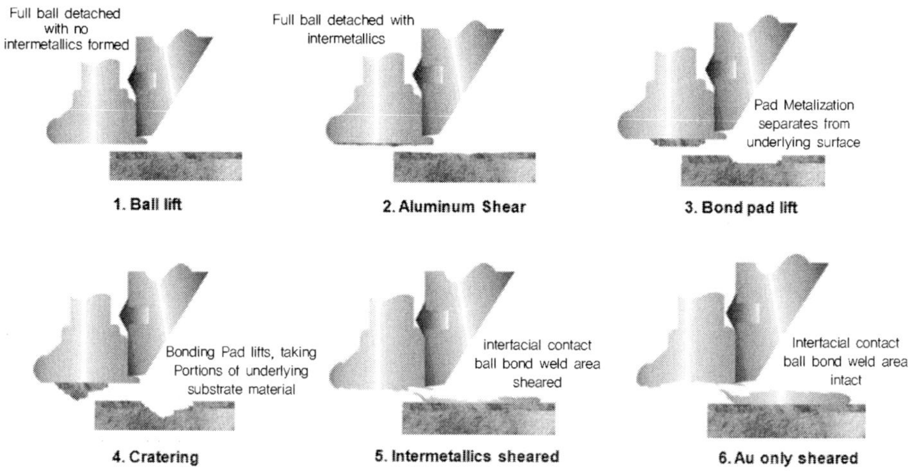

그림 4-55 볼 전단력 테스트시의 다양한 불량 현상

연습문제

01 와이어 본딩 공정에서 사용되는 와이어의 접합 방식을 나열하고 설명하시오.

02 와이어 본딩 공정에서 발생할 수 있는 불량의 종류에 대해 소개하고 설명하시오.

03 와이어 본딩 공정에서 사용되는 와이어의 종류와 본딩 과정에서 유이할 점에 대해 설명하시오.

몰딩 공정

(Molding)

05 Chapter

05
Chapter

몰딩 공정
(Molding)

1. 장비의 개요 및 동작원리

반도체를 사용하는 제품이 점점 다양해지고, 얇고, 가벼워면서 반도체 패키지의 형태나 패키징 방법도 매우 다양해지고 있는 상황이다. 반도체 패키징 방법은 양산성, 가격을 고려할 때 대부분 몰딩 방식을 채택하고 있다. 몰딩 공정은 다이 본딩, 와이어 본딩이 진행된 반도체소자의 외형을 형성하고 열 및 습기 등의 외부 환경으로부터 제품을 보호하기 위해 열경화성 수지인 EMC(Epoxy Molding Compound)를 고체상태에서 175℃로 유지하여 젤(Gel) 상태로 변환시킨 후 성형성형하는 공정이다. 몰딩 공정을 통해 패키지의 외관을 형성하면서 다이를 외부 환경으로부터 보호하고 다이에서 발생하는 열을 발산시키는 역할을 한다.

Tip
EMC
; Epoxy Molding Compound
가공성이 좋은 열경화성 화합물 수지

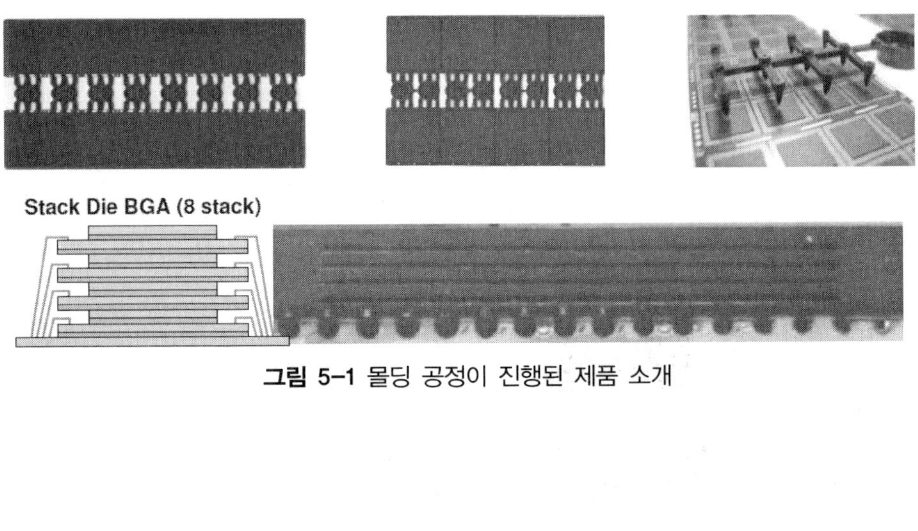

그림 5-1 몰딩 공정이 진행된 제품 소개

패키지의 박형, 미세구조화, 대면적화에 따른 성형성능 저하에 의한 void 저감 대책으로서 금형 내를 감압해서 성형하는 진공(Vacuum) 몰드방법과 와이어 흐름이나 수지 버(burr) 대책으로서는 패키지 상면에서 수지를 주입하는 톱 게이트(Top Gate) 몰드방식 등이 제안되고 있어 패키지 미세화와 더불어 그 채용이 늘어갈 것으로 예측된다.

몰딩 방식으로 반도체를 패키징 하는 경우에 필요한 장비가 오토 몰드 시스템(auto mold system)이며, 그 핵심을 이루는 부품으로 패키지를 완성하기 위해 수지 봉자재에 압력을 가하는 '프레스'를 들 수 있다.

최근에는 칩 여러 개가 적층되어 있는 MCP(Multi Chip Package)에 대해서는 본딩 와이어가 손상되지 않고 몰딩을 하기 위해 여러가지 방법이 고안되고 있다. 기존의 패키징 방법은 EMC(Epoxy Molding Compound) 덩어리(pellet)를 녹인 후 프레스로 압력을 가해 EMC를 금형 안으로 흘려보내는 트랜스퍼(transfer) 방식이었으나, MCP나 웨이퍼에 몰딩을 하는 WLM(웨이퍼 Level Molding)의 경우는 과립이나 액상의 EMC로 몰딩을 하는 압착(compression) 방식을 이용하고 있다. WLM의 경우 전체 웨이퍼를 한 번에 패키징 할 수 있는 장점으로 유용성과 경제성을 인정받고 있어 많은 수요가 예상되고 있다.

1) 진공(Vacuum) 몰드

반도체 패키지가 다양화 되면서 MCP, SiP, 3D Stack, WLP, W/F Stack 같이 내부 배선(Wire)이 많아 복잡한 부품은 성형성이 문제가 되고 있다. 이를 개선하고자 금형내부를 진공화 시키는 진공 장치를 이용한 VOID 발생률을 감소시키는 장치를 적용하게 되었다. 이 기술을 적용함으로써 BGA 제품의 Warpage, Miss Loading, Resin Leakage, Wire Sleep 등에 대하여 효과적으로 감소시키는 장치 구조를 개발하게 되었다.

이 장치는 금형내부를 진공화 시켜 불완전 성형 되는 것으로 인한 Void 방지와 많은 Wire로 구성되어 있는 신규 패키지의 등장으로 인한 MEC속도 조절을 통한 Wire Sleep, Void 문제로 인한 품질문제를 최소화하기 위해 고안된 장치이며 Disk Spring 방식, Space Plate 방식, Cylinder 방식 등이 있다.

2) 압축(Compression) 몰드

최근 대용량, 소형화 요구에 의해 개발된 여러개의 칩을 쌓아올린 MCP(Multi Chip Package)를 불량 없이 몰딩 하여야 하는데, 기존의 트랜스퍼 몰딩방식의 경우 다층의 칩에 본딩된 와이어(wire)가 EMC의 주입과정에서 손상되는 현상이 빈번하게 발생하게 된다. 또한 개별 칩이 아닌 웨이퍼 전체를 몰딩하는 방식의 경우에도 트랜스퍼 몰딩 방식으로 전체 웨이퍼를 고르게 몰딩하는 것은 불가능 하다고 할 수 있다.

그림 5-2 웨이퍼 상태에서 몰딩된 제품

적정량의 분말형태 EMC를 금형틀(cavity)에 투입하고 용융시킨 후, 몰딩할 PCB, 또는 웨이퍼를 수직으로 이동시켜 몰딩하는 방식의 압축(compression)식 몰딩은 여러 개의 칩이 쌓여 있는 MCP나 웨이퍼 전체를 몰딩해야 하는 경우 장점을 가지고 있다.

Tip

Semiconductor Humor
What is the immoral IC hiding in his closet?
—Leadframes.

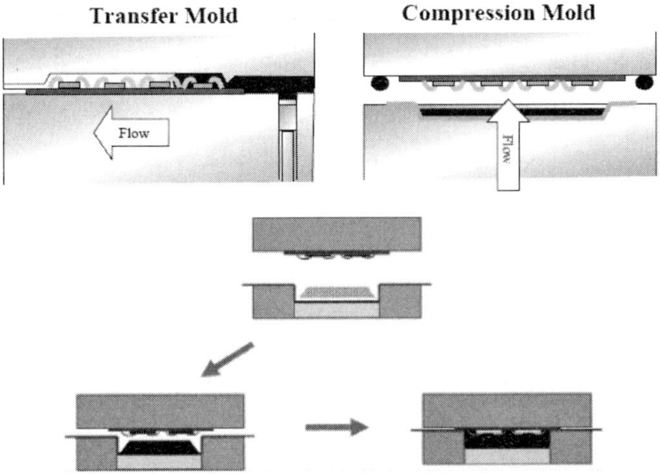

그림 5-3 트랜스퍼 몰딩 방식과 컴프레션 몰딩 방식 비교

이 방식은 성형 전에 먼저 자재의 Chip 상태(두께)를 계측하고, 이 계측된 데이터를 기준으로 성형할 수지의 중량을 정확히 계량하여 금형에 공급한 다음 그 위에 자재를 올려놓고 성형하는 방식이며, 성형 시 수지 유동이 최소화되므로 Chip 및 Gold Wire의 변형 및 내외부 Void를 방지하는데 좋은 특성을 보인다.

읽을거리

대부분의 IC칩이 까만 이유는?

반도체에 빛이 닿으면 광(光)전자에 의한 전류가 발생하고, 이로 인하여 노이즈(잡음)가 발생하기도하여 오동작을 일으킬 수 있다. 칩의 표면에 빛이 닿지 않도록 보통 검정색 몰딩을 한다. 반대로 포토커플러(Photo coupler)는 발광 소자와 수광 소자가 있어 빛을 신호정보로 전달한다. 그 때문에 빛을 반사하기 위하여 하얀색 몰딩을 한다.

2. 공정 순서

금형의 주입구에 EMC 덩어리 형태인 펠렛(pellet)을 위치시키고 가열하여 고체상태의 EMC를 175℃ 상태에서 Gel 상태로 녹인다.

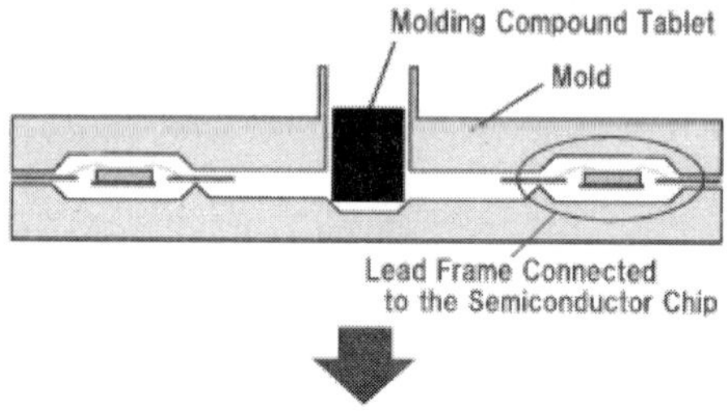

프레스로 금형내의 EMC에 압력을 가하여 금형을 채우면 칩, 와이어를 감싸면서 몰딩이 이루어진다.

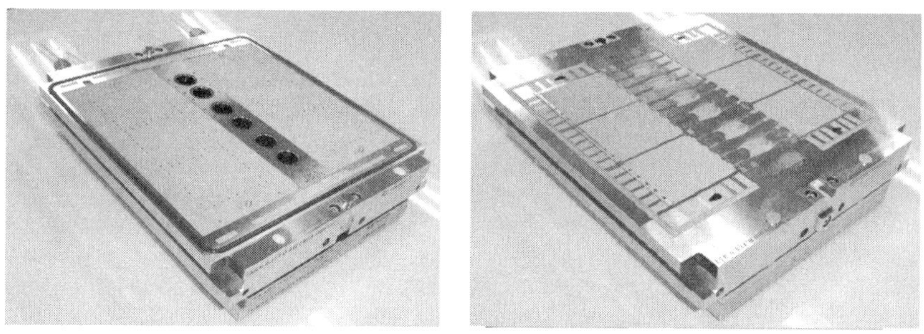

그림 5-4 트랜스퍼 몰딩 방식에 사용되는 금형

그림 5-5 몰딩 전과 몰딩이 완료된 상태에서의 제품

3. 장비 구조 및 모듈별 기능

1) 장비 구조 및 명칭

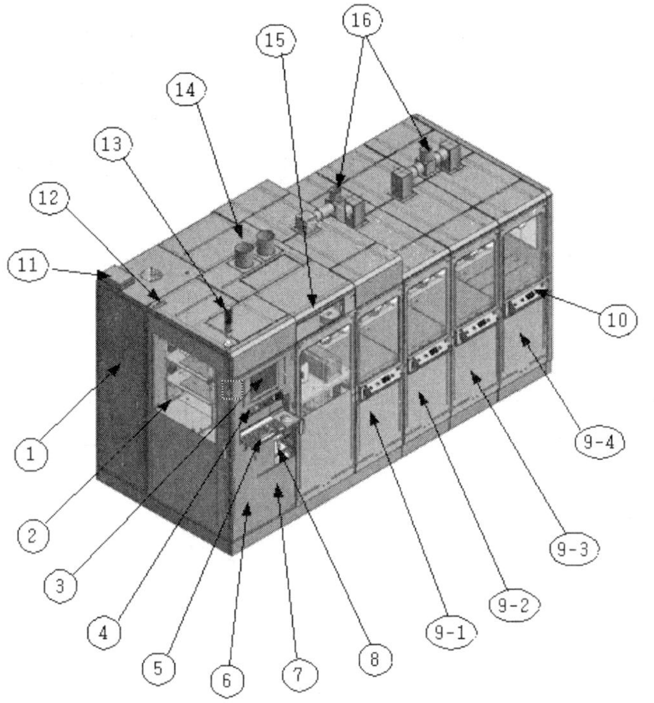

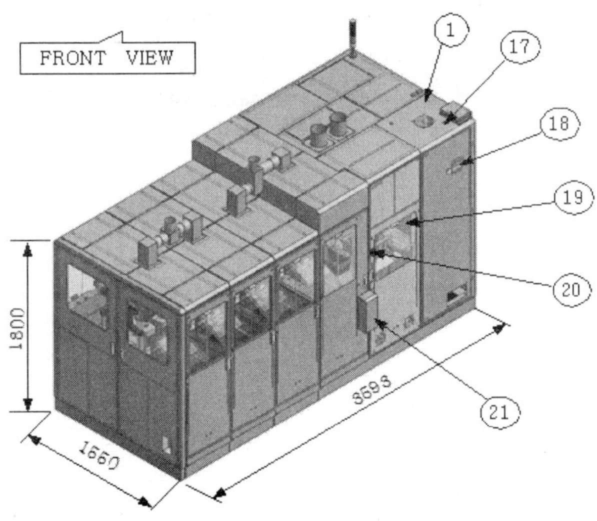

그림 5-6 몰딩 전과 몰딩이 완료된 상태에서의 제품

표 5-1 각부분 명칭

No	Item	No	Item
1	Control Box	10	Press Operation S/W
2	In Put M/z P/w	11	Ten Key Box
3	Display(Lcd)	12	Compressed Air Inlet
4	Operation S/w Panel	13	Signal Tower
5	Key Board	14	Dust Collector Exhaust
6	Air System Filter Dust Collector	15	Computer For Intelligent System
7	Master Unit	16	Exhaust Duct
8	TAB. Contaner	17	Electrical Power Inlet
9-1	1st Module For Master Unit	18	Electrical Power S/W
9-2	2nd Module For Master Unit	19	Out Put M/Z P/W
9-3	3rd Module For Master Unit	20	Emergency Stop S/W
9-4	4th Module For Master Unit	21	Cull Dump

2) 장비의 구성 모듈 소개

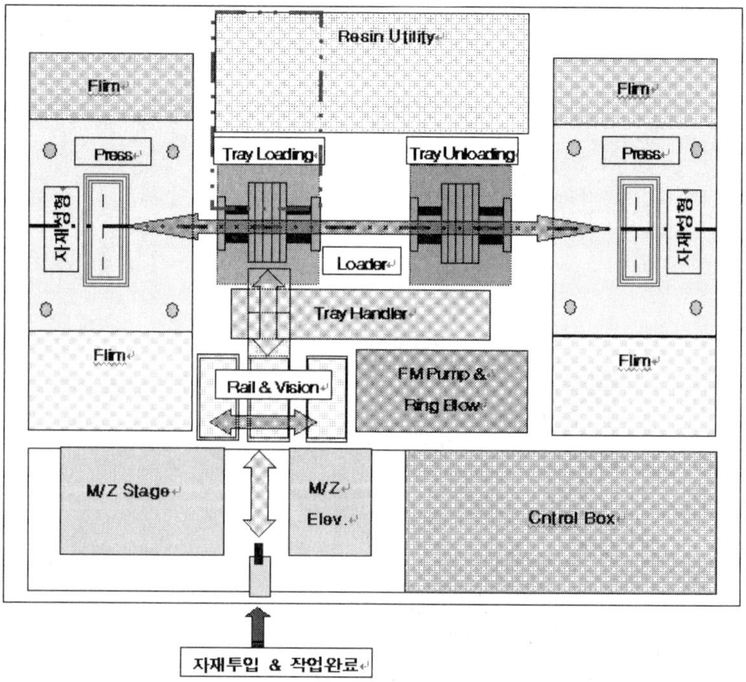

(1) 인 매거진(In Magazine)

본딩(Bonding)이 완료된 리드 프레임(Lead Frame) 혹은 세정(Cleaning)용 더미(Dummy)를 공급한다.

Tip
더미(Dummy)
샘플 작업용 자재

(2) 리드프레임 시프트(Lead Frame Shift)

매거진으로부터 공급된 리드 프레임이 로더에 공급될 상태로 정렬된다.

(3) 로더 유닛(Loader Unit)

리드 프레임 시프트상의 리드 프레임과 탭 슈트에 정렬된 EMC를 공급 받아 금형에 로딩한다.

(4) 탭 파트 1(Tab Part 1)

탭 호퍼 박스에 투입된 EMC의 개별 분리 후 탭 홀더에 적재한다.

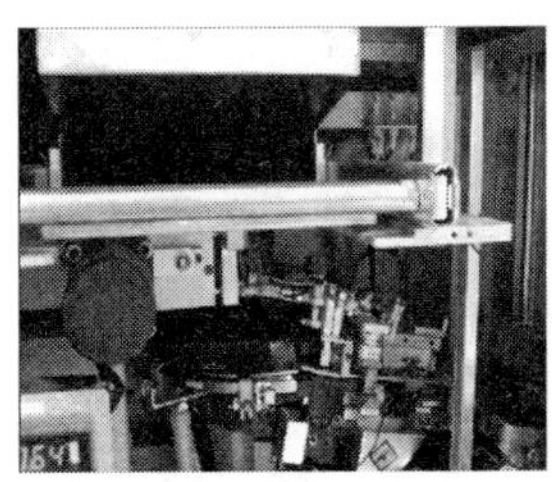

(5) 탭 파트 2(Tab Part 2)

탭 홀더에 적재된 EMC를 탭 슈트로 이송 후 로더에 공급한다.

(6) 프레스 윗부분/아랫부분(Press Top/Bottom)

로더로부터 리드 프레임과 EMC를 공급 받아 성형 작업을 진행한다.

(7) 언로더 유닛(Un-loader Unit)

몰딩이 완료된 자재를 운반한다.

(8) 캐리어(Carrier)

언로더로부터 받은 제품에서 컬(Cull)을 분리한다.

(9) 픽업(Pick Up)

캐리어로부터 몰딩이 완료된 자재를 받아 스택 매거진에 적재한다.

3) 주요 조작 스위치

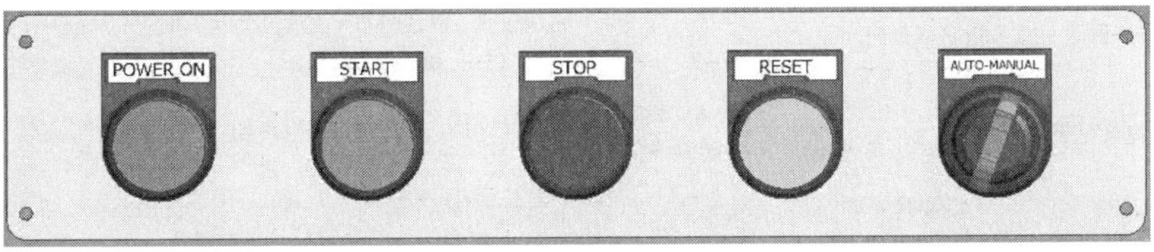

명 칭	기 능
POWER ON Switch	동작 전원이 공급 스위치.
MANUAL/AUTO Select Switch	수동조작 및 자동운전 선택
START Switch	자동운전 Start용 스위치. 공정자동이나 LINE AUTO가 지정되어 있을 때 공정자동이나 LINE AUTO 운전 시작
STOP Switch	자동운전 Stop용 스위치. 공정 자동인 경우는 1사이클 정지, LINE AUTO인 경우는 Unloader가 현재 처리 중인 Frame을 Stack MZ에 적재해서 정지. 장치 내 Frame을 전부 처리 후 정지하고자 할 때는 공정자동/LINE AUTO 지정없이 이 스위치만을 누름
RESET Switch	알람이나 에러 및 부저 Reset을 위한 스위치. 또한, Power on Switch를 눌러 설비에 동작 전원을 인가하였을 때 이 스위치 점멸. 이때 이 스위치를 누르면 장치는 'Ready On' 상태가 되면서 동작이 가능해짐

4. Molding 공정 관련 부품 및 재료 소개

EMC(Epoxy Molding Compound) 소개

리드 프레임, 골드 와이어와 더불어 반도체 후공정에 사용되는 3대 기능성 재료중 하나로 외부의 열에 의해 3차원 경화구조를 형성하는 열경화성의 고분자소재 재료의 기능강화를 위해 필러(Filler)를 섞은 무기/유기 복합소재로 성형 특성, 기계적 특성이 우수하고 가격이 저가인 에폭시를 사용한다.

표 5-2 EMC 구성재료와 역할

구성재료	원재료명	역 할	배합비(%)
필러	응용실리카	경화수축, 열팽창계수, 열전도율, 기계적 성질 등을 조절함	85 >
에폭시수지	• Ortho-Cresol • Novolac형 • 다환형(多環型) • Bisphenol형	• 성형 시의 유동성, 경화물의 기계적, 전기적, 열적 성질 등의 기본 특성을 결정함 • 특히 에폭시수지는 접착제의 역할을 함	10~15
경화제	• 무수산 • Phenol Novolac • 아민류		7~10
난연제	삼산화안티몬 등	난연성의 부여	1 <
정화촉진제	잠재성촉진제	경화성, 보존안정성	1 <
이형제	• 고급지방산 • 왁스	이형성, 접착성 등을 결정함	1 <
개질제		저응력화(저탄성율화)	5 <
착색제	–	착색	1 <

5. Mold 공정 불량

1) 불완전성형(I/M, Incompleted Mold)

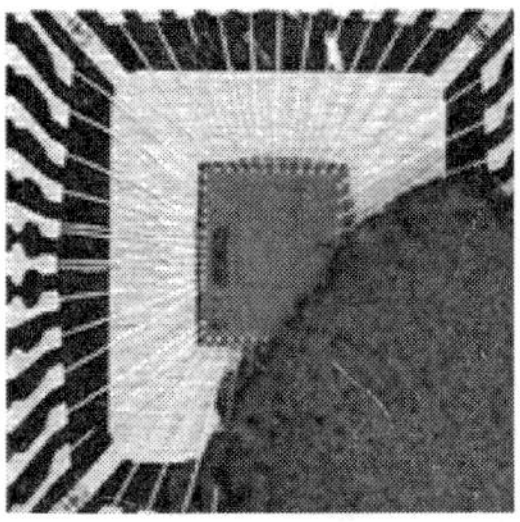

- 성형 온도가 너무 높거나 낮을 경우
- EMC의 용량이 적을 경우/EMC 밀도 불량
- 몰드 다이의 클리닝이 불충분한 경우
- Transfer(트렌스퍼) 압력이 부족 할 경우
- Mold Die의 Air Vent(에어 벤트)가 막혔을 경우

2) VOID

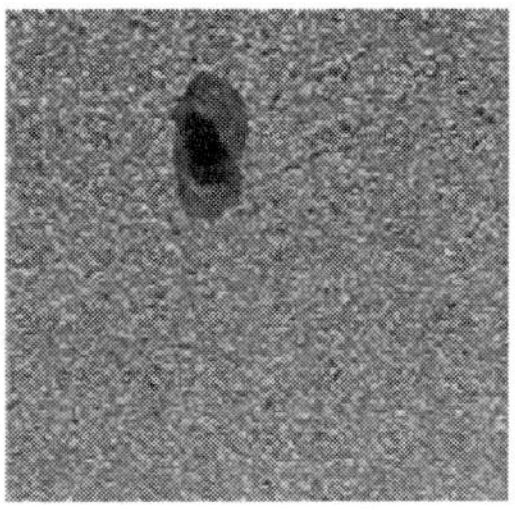

- 성형 온도가 너무 높거나 낮을 경우
- EMC의 용량이 적을 경우/ EMC 밀도 불량
- Mold Die(몰드 다이)의 Cleaning(클리닝)이 불충분한 경우
- Transfer(트렌스퍼) 압력이 부족 할 경우
- Mold Die의 Air Vent(에어 벤트)가 막혔을 경우

3) 다공현상(Prosity, 구멍이 두 개 이상)

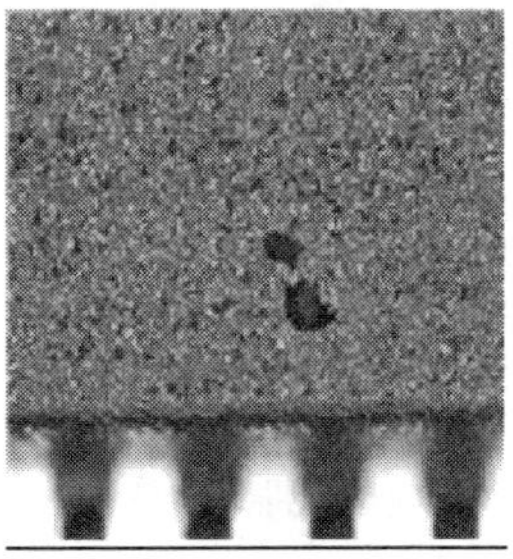

- 성형 온도가 너무 높거나 낮을 경우
- EMC의 용량이 적을 경우/EMC 밀도 불량
- Mold Die (몰드 다이)의 Cleaning(클리닝)이 불충분한 경우
- Transfer(트렌스퍼) 압력이 부족 할 경우
- Mold Die 의 Air Vent(에어 벤트)가 막혔을 경우

4) 패키지 부풀어오름 현상(Blister)

- 성형온도가 너무 높았을 경우
- EMC 내에 습기가 많을 경우
- Transfer Time(트렌스퍼 타임)이 너무 길거나 짧을 때
- Pre Heating(프리히팅)이 과도하게 낮을 때

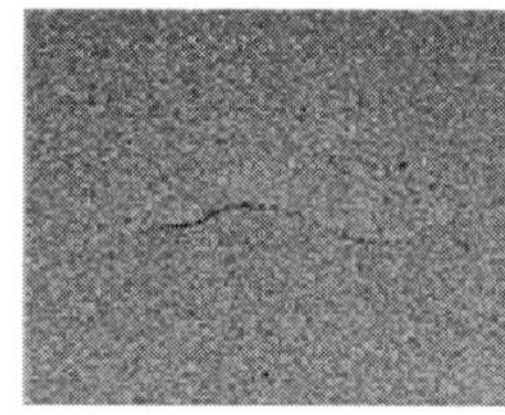

5) 패키지 어긋남 현상(Misalignment)

- 성형시 패캐지 윗면과 아랫면이 어긋난 경우
- 다이 교체 시 상, 하 다이의 정렬이 어긋난 경우
- 몰드 다이내에 로케이션 핀에 문제가 있는 경우

6) 패키지 깨짐(Package misalignment)

- 디게이트(degate) 부에서 리드 프레임이 어긋난 상태로 작업된 경우
- 디게이트부에서 cull 조각이 끼어 있을 때
- 이젝터 핀의 동작이 잘 되지 않을 때

7) 성형수지 피막 불량(Flash, EMC가 새어나옴)

- Loading Miss로 인하여 발생 압력이 올라가지 않은 상태에서 EMC를 투입했을 경우
- 스프레이 왁스를 너무 많이 분사 했을 경우
- 캐비티 블록(cavity block)에 이물질이 남은 상태에서 작업 했을 경우

8) 리드 눌림 현상(Squashed Lead)

- 클리닝 후 멜라민 잔여물이 남아 있는 경우
- EMC 잔여물이 남아 있는 경우
- 에어 클리닝을 깨끗하게 실시하지 않았을 경우
- 클리닝 진공 불량이 발생 했을 경우
- Dust 필터 오염 및 장시간 사용으로 분진 가루가 Dust 필터에 쌓였을 경우

9) 패키지 오염(Contamination)

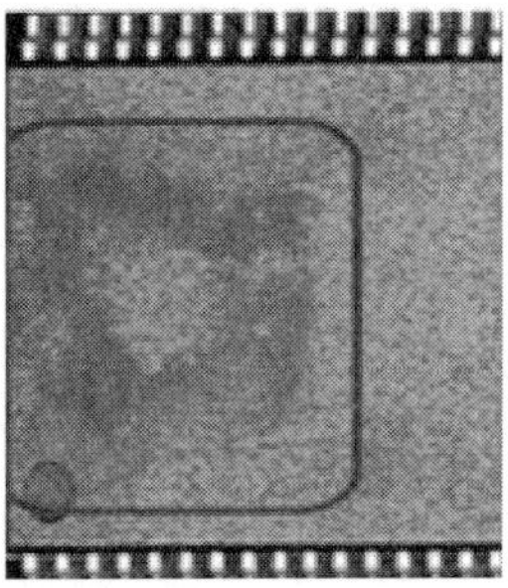

- 설비에 사용 되는 오일, 그리스 등이 패키지에 묻었을 경우
- 클리닝 실시했어도 금형에 오염이 빠지지 않았을 경우

10) 금형 손상으로 인한 패키지 돌출(Deformation)

체이스(Chase), 캐비티 블록(Cavity block) 깨짐 및 손상이 있을 경우

11) 소지금속노출(WIRE 제외)

- 성형 온도가 너무 높거나 낮을 경우
- EMC 용량이 적을 경우/EMC 밀도 불량
- Mold Die의 클리닝이 불충분한 경우
- Transfer 압력(이송 압력)이 부족 할 경우
- Mold Die의 에어 벤트가 막혔을 경우

12) 리드 휨 현상(Bent Lead)

- 자재를 낙석시켰을 경우
- 잘못 핸들링 했을 경우
- 디자인(원부자재성)이 잘못된 경우

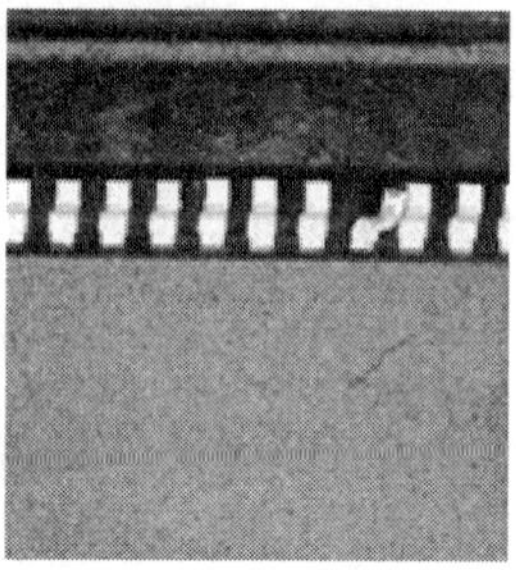

13) 패키지/에폭시(Epoxy burr)

- Gate 마모로 인한 경우
- Degate 부에서 잘못 Degating된 경우
- 자재를 수작업으로 Cull을 제거 할 경우

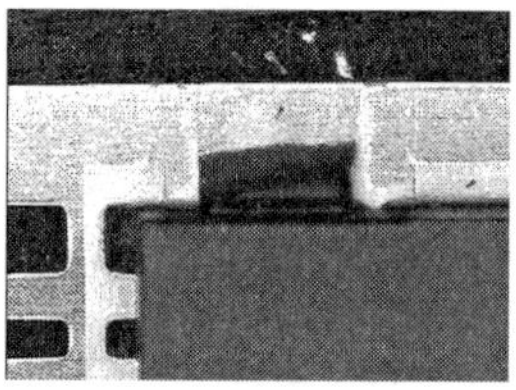

14) 와이어 처짐 현상(Wire Sagging)

자재 취급 시 작업자 부주위로 핸들링을 잘못 하여 손으로 접촉 했거나 부딪혔을 경우

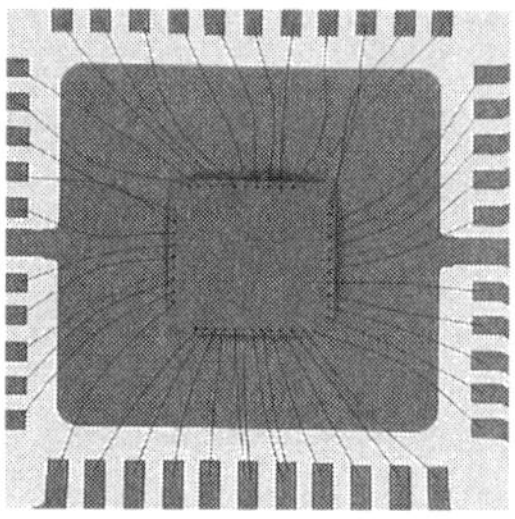

15) 와이어 스와핑 현상(Wire Sweeping)

성형 시 EMC 및 외부영향에 의해 Wire가 휘어져 인접한 Wire에 교차 혹은 접촉되어 있는 경우

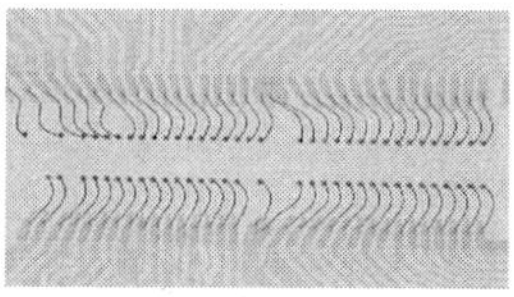

16) 계면박리 현상(PCB들뜸, Delamination)

- 성형하기 전 플라즈마 처리를 하지 않았을 경우
- PCB 박리 현상이 발생했을 경우
- 내부에 공기가 찬 경우 Internal Void 발생 시

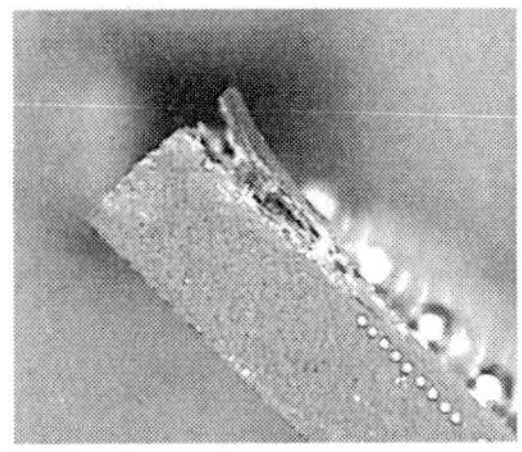

17) 패키지 균열 현상

패키지면에 외부로부터 강한 충격이 가해지는 경우

18) 칩 균열 현상(Broken Wire)

외부로부터 칩에 강한 충격이 가해지는 경우 발생

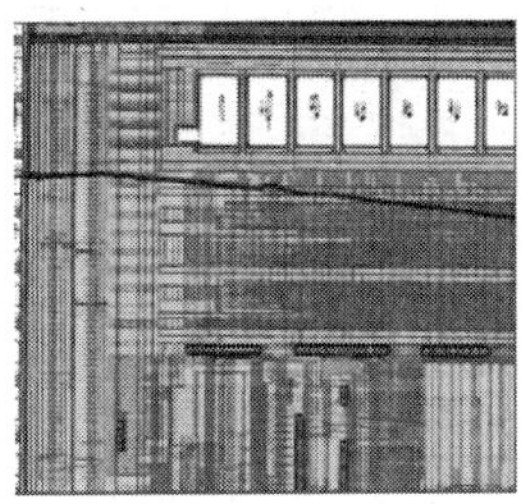

19) 와이어 단락 현상(Wire Short)

성형시 EMC에 의해 Wire가 인접한 Wire와 접촉된 경우

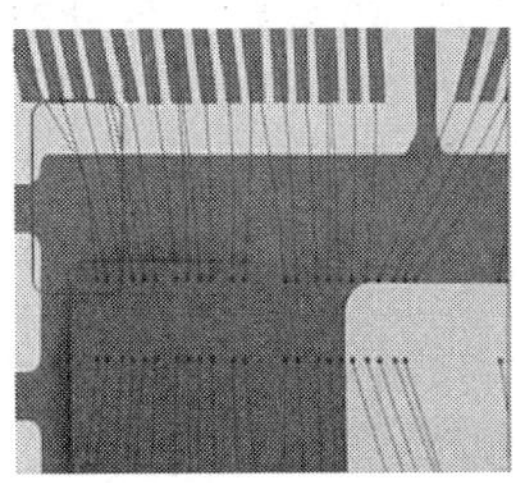

20) 와이어 개방 현상(Wire open)

와이어가 외부의 Damage 및 영향에 의해 Wire가 떨어진 경우

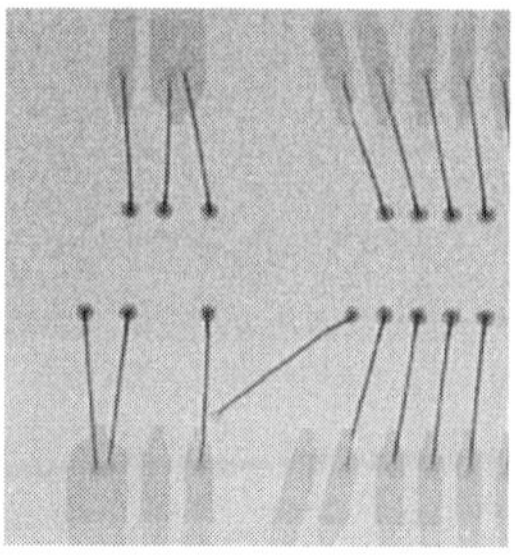

21) 와이어 누락 현상(Missing Wire)

와이어 본딩을 했으나 PDA에 본딩자국만 있고 와이어가 없는 경우

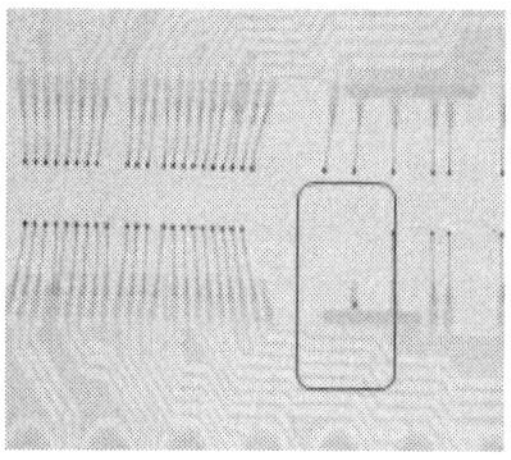

22) 패키지 스크레치(PKG Scratch)

- Cavity를 동봉이나 동주걱으로 긁은 경우
- 패키지간의 마찰이나 금형 등에 의해 패키지 표면이 긁힌 경우

23) 피씨비 스크레치(PCB Scratch)

- Cavity를 동봉이나 동주걱으로 긁은 경우
- PCB간의 마찰이나 금형 등에 의해 PCB 표면에 긁힌 경우

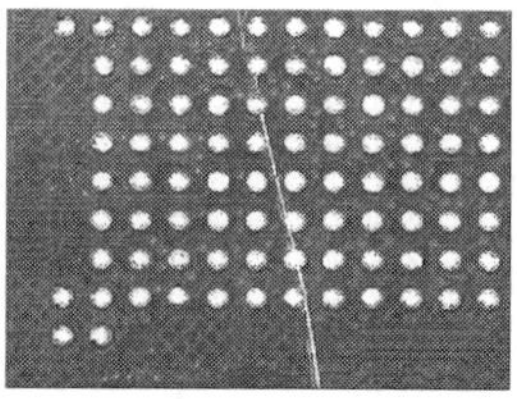

24) PCB 깨짐(Broken PCB)

- Degate(디게이트)부에서 Lead Frame(리드 프레임)이 어긋난 상태로 작업된 경우
- Degate부에서 Cull 조각이 끼어 있을 때
- Ejector Pin(이젝터 핀) 동작이 잘 되지 않을 때

25) PCB Dent(피씨비 눌림)

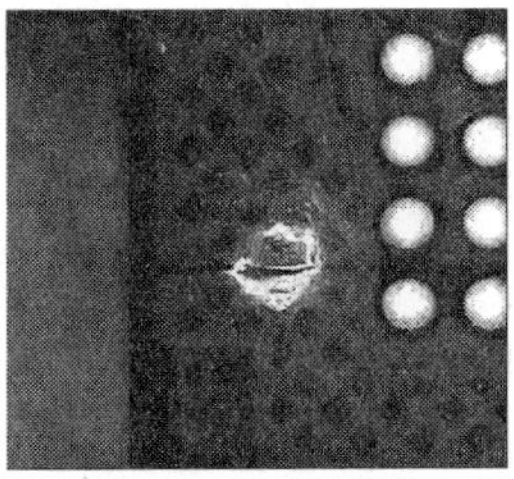

- Degate(디게이트)부에서 Lead Frame(리드 프레임)이 어긋난 상태로 작업된 경우
- Degate부에서 Cull 조각이 끼어 있을 때

26) 와이어 노출(Wire exposure)

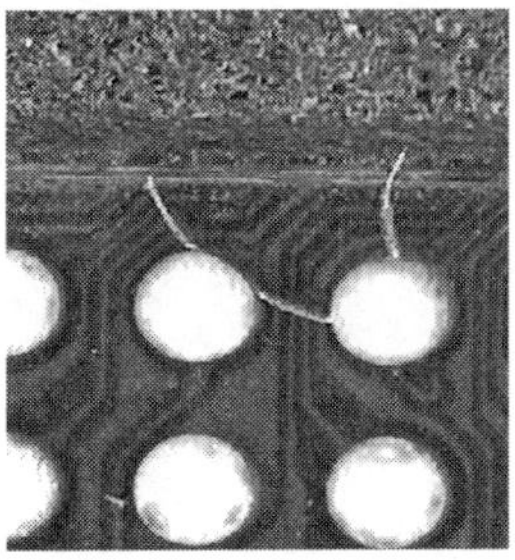

와이어 Loop가 높거나 Pad가 들뜬 경우 끊어진 와이어가 패키지면으로 돌출 되어 발생함

27) 칩/에폭시 온 리드프레임(Chip/Epoxy On L/F)

- D/A(다이 어태치) 작업시 설비상에서 작업에 필요한 양 이상으로 Epoxy가 불출 되면서 발생
- 오염된 원부자재 관리 미흡으로 발생

28) 로딩 누락(Loading Miss)

- Location Pin Broken(로케이션 핀 깨짐)
- Loader Position 이탈(로더 위치 이탈)

연습문제

01 몰딩 공정에서 사용되는 EMC(Epoxy Molding Compound)의 구성재료에 대해 설명하시오.

02 몰딩 공정에서 발생할 수 있는 불량의 종류에 대해 소개하고 설명하시오.

03 몰딩 공정과 몰딩 공정 후 진행되는 Curing 공정에서의 온도 및 진행 시간에 대해 설명하시오.

Mold 공정 용어

NO	용 어	의 미
1	Air Vent(에어 벤트)	Compound(컴파운드)를 채우기 위해 Cavity(캐비티)에 있는 공기를 빼기 위한 좁은 홈
2	Balance Runner (밸런스 런너)	액체화된 Compound(컴파운드)가 Cavity(캐비티)로 유입되기까지 균일한 거리로 진행하도록 설계된 통로. Runner(런너)
3	Cure Time (큐어 타임)	제품의 외관이 형성되어 단단하게 굳어질 때까지 걸리는 시간. 경화시간
4	E.M.C. Aging (이.엠.씨. 에이징)	냉동 창고에 보관된 E.M.C.(이.엠.씨.)를 사용 전에 미리 실온에 적응시키는 단계
5	Index Time(인덱스 타임)	제품의 성형이 완료된 시점부터 다음 제품의 성형이 완료될 때까지 걸리는 시간.(=Cycle Time : 싸이클 타임)
6	P.P.M.(피.피.엠)	Parts Per Million(파츠 퍼 밀리언)의 줄임 말로써 불량 또는 불순물의 양이 전체 100만분의 몇을 차지하는지 나타낼 때 사용
7	Side Bar(사이드 바)	Lead Frame(리드 프레임)의 Handling(핸들링) 및 설비에서 작업 시, Lead(리드) 및 Pad Mount(패드 마운트)를 보호해 주는 것
8	Transfer Time(트랜스퍼 타임)	Pot(포트)에 Compound(컴파운드)를 투입, Compound(컴파운드)를 각 Cavity(캐비티)에 다 밀어 넣어주기까지 걸리는 시간. 제품의 Wire(와이어)와 외관 품질에 영향
9	Gate(게이트)	Compound(컴파운드)가 Cavity(캐비티) 내에 들어가는 입구
10	Sensor(센서)	빛, 압력, 전류, 온도 등의 외부 자극을 감지하여 제어용으로 활용하는 장치
11	도금 	제품의 표면을 산화방지 및 장식을 목적으로 다른 물질로 얇게 덮어씌우는 것
12	Bad Mark(배드 마크) 	PCB(피비씨) 하단에 위치한 곳으로 불량 발생 시, 색칠로 표시하는 부분(=X-mark : 엑스 마크)
13	Bench Heater(벤치히터) 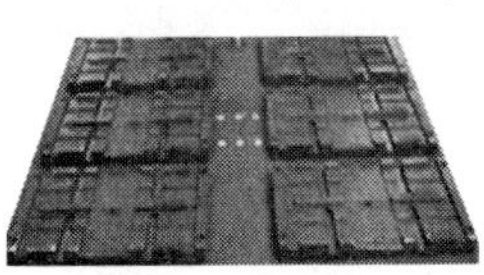	장착된 Lead Frame(리드 프레임) 및 Fixture(픽쳐)를 예열시켜 주는 장치. 주로 수동 작업 시 사용
14	Cavity(캐비티) 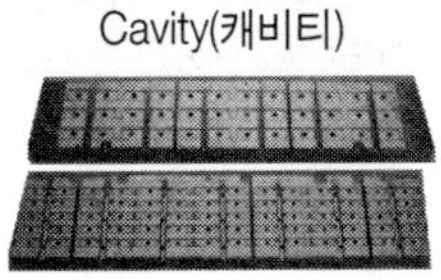	• E.M.C.(이.엠.씨.)가 Package(패키지)에 채워지도록 만들어진 틀 • E.M.C.(이.엠.씨.)가 가득 차는 곳이며 Top(탑)과 Bottom으로 구분

NO	용 어	의 미
15	Cull(컬) 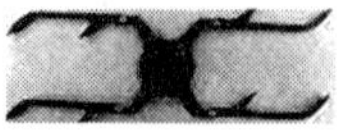	Pot(포트)에서 각 Cavity(캐비티)로 Compound(컴파운드)가 공급되고 난 후에 남은 Compound(컴파운드) 잔유물. E.M.C.(이.엠.씨.)의 적정량과 Transfer(트랜스퍼) 압력의 적절함을 판별
16	Cure(큐어) 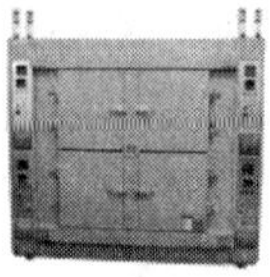	열을 가하여 제품을 단단하게 굳히는 작업(=Bake: 베이크, Oven: 오븐, Post Mold Cure: 포스트 몰드 큐어)
17	E.M.C.(이.엠.씨) 	• Epoxy Molding Compound(에폭시 몰딩 컴파운드)의 줄임 말로써, Wire(와이어)가 연결된 반제품을 포장하고, 성형하는 재료. 화합물인 수지에 각종 배합제를 가하여 가공이 쉽게 만든 열 경화성 수지 • 열 경화성 : 열을 가하면 처음으로 되돌릴 수 없는 성질
18	Fixture(픽스쳐) 	Lead Frame(리드 프레임)을 Mold Die(몰드 다이)의 정확한 위치에 놓을 수 있도록 사용하는 치공구. 주로 수동 작업 시 사용
19	Inner Lead(인너 리드) 	Lead Frame(리드 프레임) 안에 있는 작은 다리. Wire(와이어)를 연결할 때 Pad(패드)와 Lead(리드)를 연결함
20	M.P.S.(엠.피.에스.) 	Multi Production System(멀티 프로덕션 시스템)의 줄임 말로써, 일정한 제품을 대량 생산할 목적으로 만든 설비
21	Melamine Compound (멜라민 컴파운드) 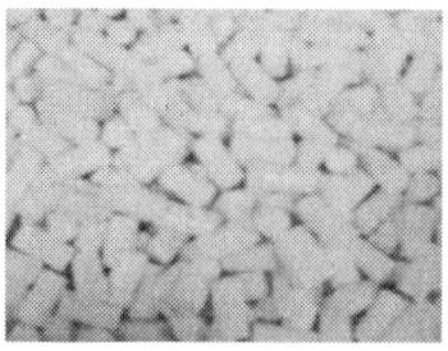	Mold Die(몰드 다이)의 오염 물을 제거하기 위한 금형 세정용 Compound(컴파운드). 석회질소와 수지의 화합물로 주로 흰색임.(=Cleaning Compound: 클리닝 컴파운드)

NO	용 어	의 미
22	Mold(몰드) 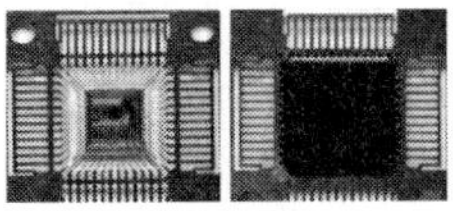	Wire Bonding(와이어 본딩)이 완료된 반제품을 열, 습기, 물리적인 환경으로부터 보호하기 위해 E.M.C.(이.엠.씨.)로 제품의 외관을 성형하는 공정.
23	Molding Die(몰딩 다이) 	제품의 고유 형태를 만들기 위해서 일정한 틀에 E.M.C.(이.엠.씨.)를 구멍에 넣어 압력을 가해서 성형을 하기 위한 금형. Chase(체이스)와 Center Block(센터 블록)등으로 이루어져 있으며, Top Die(탑 다이)와 Bottom Die(바텀 다이)로 구성.
24	Pad Mount(패드 마운트) 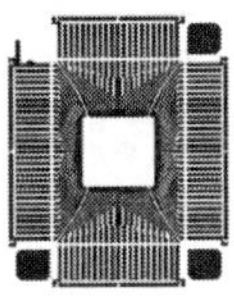	Lead Frame(리드 프레임)에서 Die(다이)를 위치/고정시키기 위한 중앙의 네모난 부분.(=Die Pad: 다이 패드)
25	Pot(포트) 	Molding Die(몰딩 다이) 내에 E.M.C.(이.엠.씨.)를 투입시키는 입구
26	Plasma(플라즈마) 	아르곤(Ar) 가스를 사용하여 PCB(피비씨)에 붙은 작은 먼지를 제거하는 설비
27	Preheater(프리 히터) 	Compound(컴파운드)를 Molding Die(몰딩 다이) 내에 넣기 전에 고주파를 이용하여 예열하는 장비. Compound(컴파운드)의 습기 제거 및 작업을 좋게 해줌. 주로 수동 작업 시 사용
28	Ram(램) 	Molding Die(몰딩 다이) 내에 E.M.C.(이.엠.씨.)를 올려주기 위해 일정한 압력으로 밀어내주는 부품.

NO	용 어	의 미
29	Scrap Box(스크랩 박스) 	Cull(컬) 제거 작업 시, 분리된 Cull(컬)을 담는 통. Degate(디게이트) 하단에 위치.(=Cull Box: 컬 박스)
30	Stack Magazine(스택 매거진) 	molding(몰딩)이 완료된 Lead Frame(리드 프레임)을 적재하는 보관함.
31	Tablet(타블렛) 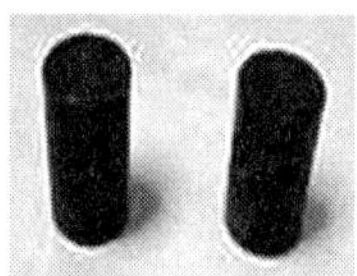	가루 상태의 Compound(컴파운드)를 생산에 적합하도록 특정한 크기로 압축, 성형한 덩어리. Pot(포트)에 투입 시 사용. (=Pellet: 펠렛)
32	U.P.S.(유.피.에스.) 	Universal Production System(유니버셜 프로덕션 시스템)의 줄임 말로써, 여러 종류의 제품을 동시에 생산할 수 있는 설비
33	Wax Compound(왁스 컴파운드) 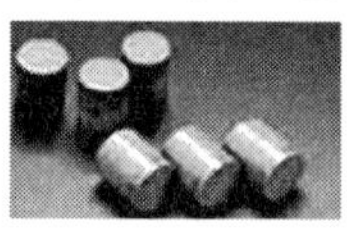	Mold(몰드) 금형에서 PKG의 이형성을 유지해주기 위해서 Mold(몰드) 작업 중간 중간에 시행하는 Compound(컴파운드). 이형성: 제품과 금형끼리 서로 달라붙는 것을 막고, 분리시켜 주는 성질

마킹 공정
(Marking)

06 Chapter

06
Chapter

마킹 공정 (Marking)

1. 장비의 개요 및 동작원리

반도체 패키지의 마킹은 생산한 패키지의 표면에 회사명, 제품명, 규격, 제품의 생산시기, 생산정보 등의 생산코드를 기록하는 공정이다. 제품에 대한 정보를 기록하여 소비자들이 원하는 제품을 선택할 수 있도록 하고 제품의 품질 문제가 발생했을 경우는 마킹되어 있는 정보를 바탕으로 제품의 생산 이력을 추적하여 문제를 해결하기도 한다.

그림 6-1 마킹이 되어 있는 패키지

마킹하는 방법은 레이저를 이용하는 방식과 잉크를 이용하는 방식이 있다. 레이저 방식에서는 주로 CO_2 레이저와 야그(YAG) 레이저 방식이 이용되고 있다. 잉크방식에서는 스탬프 등에 의한 패드인쇄방식과 잉크필름을 레이저로 전사하는 복합 방식 등이 이용되고 있다.

잉크방식이 건조공정과 세정공정 등이 환경 보호에 문제를 일으킬 수 있고, 패키지 표면에 기록하는 정보량이 증가하면서 문자의 미세화, 고속화가 가능하고, 다양한 재질에 대응이 가능한 레이저 방식의 마킹이 늘어나고 있다. 레이저 마킹은 인쇄 상태가 영구적이고, 작은 문자 인쇄가 가능하며, 속도가 빨라서 대량생산이 가능한 장점이 있다. 설비 호환성이 좋아 패키지 종류별로 작업이 가능하고, 인쇄 시 패키지면과 비접촉으로 진행되어 마킹면이 깨끗하고 신뢰성이 높다. 그러나 설비 가격이 비싸고 재작업이 불가능한 것은 단점이라고 할 수 있다.

레이저 마킹 장비는 레이저 빛을 이용하여 제품 표면에 원하는 문자를 인쇄하는 장비로 레이저의 직진성과 고에너지 밀도 특성에 집광성이 좋은 장점을 이용하여 제품의 표면에 정보를 기록한다.

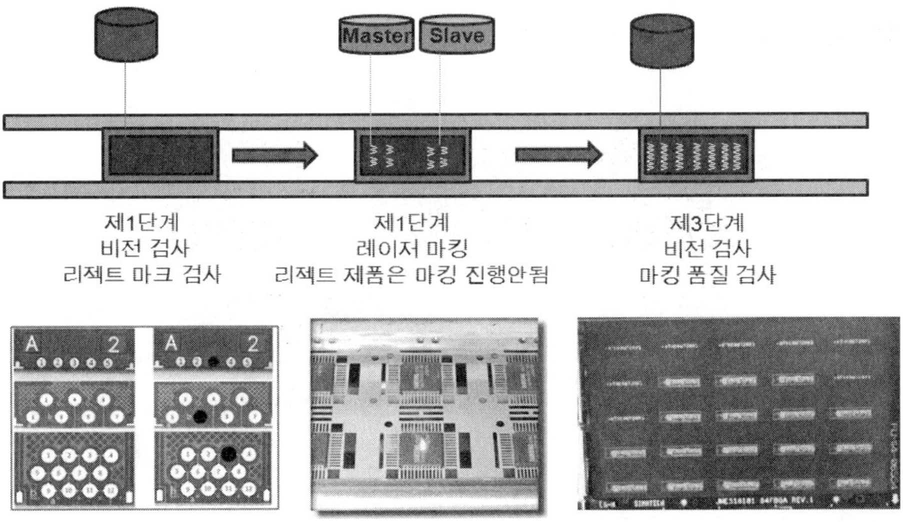

그림 6-2 마킹 공정의 단계 소개

레이저 방식에서의 마킹은 레이저 광을 렌즈로 패키지 표면에 집광시켜 높은 에너지 밀도를 만들어내고 몰드 수지에서는 표면의 탄소를 연소시키고, 금속 패키지에서는 표면을 용융시켜 변색이나 광택의 차이에 의해서 문자로서의 콘트라스트를 얻어 선명한 마크를 실현한다.

레이저를 이용한 마킹방식은 유리나 금속 마스크 위에 형성한 문자를 전사하는 마스크 투과방식과 레이저광을 밀러로 주사시켜 단번에 문자를 그려나가는 스캔방식 중에서 마스크를 사용하지 않는 스캔방식이 주로 사용되고 있다.

레이저의 마킹 스피드는 스캐너의 성능이나 레이저의 출력에 비례하여 나타난다. 마킹 스피드의 정의는 통상적으로 하나의 스캐닝 헤드에서 1mm 높이의 단선 숫자 '1'을 연속하여 쓰는 경우이다. 마킹은 1초에 1천자를 쓰는 것이 가능하다.

제품의 소형화에 따라 마킹되는 글씨가 작아지면서 높은 마킹 정밀도를 요구한다. 레이저 마킹 장비를 이용하는 경우 인쇄 가능한 문자 크기는 YAG 레이저에서는 현재 0.15mm 정도이며, 여기방식의 변경과 레이저빔 품질의 향상, 스팟 직경의 최소화 등에 의해서 0.1mm 정도까지 미세화가 가능하다.

CO_2 레이저를 이용한 마킹의 경우 가격이 낮고 소형화가 가능하지만 미소 문자 형성이 어렵고, 발색성이 나쁘며, 마킹면이 깨끗하지 않고 오염물이 많이 발생한다는 점에서 패키지가 제한된다.

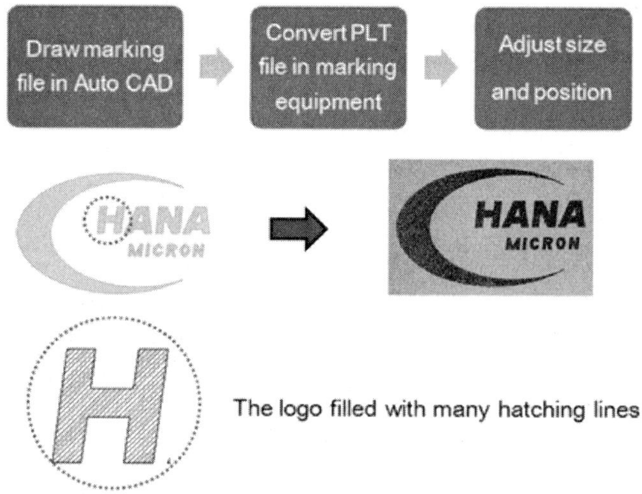

그림 6-3 로고를 인쇄하는 마킹의 과정 소개

YAG 레이저를 이용한 마킹의 경우 실리콘 재질에 직접 마킹이 가능하다. 나아가서 러닝코스트나 발진안정성 등을 목적으로 한 레이저 다이오드 여기 방식이 제안되어 1998년부터 채용이 시작되고 있다. 이 방식에서는 발진효율이 향상되기 때문에 장치의 소형화/에너지절약을 실현하는 동시에 빈번한 램프교환이 불필요하게 되어 종래의 램프 여기 방식에서의 전환이 진행될 것으로 예상된다.

레이저 안정성 및 에너지 조절은 레이저 마킹의 글씨 크기가 작아지면서 비례하여 스팟 직경의 크기가 작아지며, 같은 자재를 같은 깊이로 가공하기 위해서는 스팟 직경의 제곱의 비율로 레이저 출력 에너지를 제어할 수 있어야 하며 따라서 150um에서 15um까지 선폭 조절이 되는 경우에는 100배 이상의 정밀한 에너지 제어 능력이 필요하며 특히 작은 스팟에서는 펄스 최대 에너지의 편차가 그대로 마킹 품질을 좌우하여 매우 정밀한 레이저 제어가 요구된다.

2. 마킹 공정 순서

TIP

매거진(Magazine)
작업이 용이하도록 리드 프레임을 넣는 공구

1) 로더에 투입자재 매거진 장착하고, 언로더에 빈 매거진 장착 후 장비 작동 시작
2) 매거진이 리프트 위치로 이동하면 리프트가 올라가고, 엘리베이터가 올라가게 된다.
3) 자재를 픽업하고 온인서트가 내려온다.
4) 자재의 ID를 검사한나.
5) 마킹 위치로 이송하여 마킹 공정을 진행한다.
6) 오프 인서트 위치로 이송한다.
7) 마킹이 진행된 상태를 비전시스템을 이용하여 검사한다.
8) 배출 위치로 이송시킨다.
9) 언로더에 마킹이 완료된 제품을 적재한다.
10) 리프트에 자재를 전달한다.
11) 리프트가 올라간 상태에서 대기한다.
12) 리프트 위치로 이동한다.
13) 빈 매거진에 작업이 완료된 제품이 적재된다.

3. 장비 구조 및 모듈별 기능

1) 장비의 구조

마킹장비는 크게 제품을 로딩하는 로더부, 핸들러 및 마킹 PC, 인덱스(imdex)부, 비전(vision)부, 오프로더(off loader)부로 나눌 수 있다.

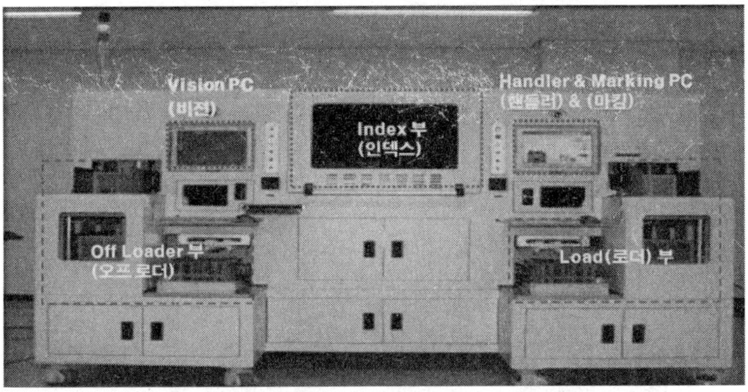

그림 6-4 마킹장비의 주요 구성 부분

2) 모듈별 기능

(1) 로더(Loader) 부

아랫부분에서는 마킹 전 자재가 투입 되며, 윗부분에서는 마킹 전 프레임이 투입된 후 빈 매거진이 나온다.

① 온 카세트 벨트(On 카세트 Belt)

매거진이 엘리베이터까지 갈 수 있도록 벨트를 이용하여 밀어주는 역할을 한다.

② 온 카세트 그리퍼(On 카세트 Gripper)

매거진이 움직이지 않게 잡아 주는 역할을 수행한다.

③ 온 리프트(On LIFT)

마킹 전 자재의 매거진을 잡아서 올려주는 역할을 수행한다.

④ 온 엘리베이터 푸셔(On Elevator Pusher)

마킹 전 프레임을 하나씩 온 인서트로 밀어 주는 역할을 수행한다.

⑤ 온 롤러(On Roller)

푸셔가 밀어준 프레임을 앞으로 밀어주는 보조 역할을 수행한다.

⑥ 온 인써트(On Insert)

온 롤러에서 밀어준 프레임이 인써트 앞에 오고, 인써트가 인덱스 앞까지 밀어주는 역할을 수행한다.

(2) 핸들러 및 마킹 PC

① 레이저 헤드(Laser head)

레이저 빔을 방출하는 공진기(resonator)이며, 방출된 빔을 원하는 형태로 만들고 원하는 위치까지 전달시키는 전달 시스템으로 구성되어 있다.

② 마킹 시스템(Marking system)

전달된 빔을 scan하기 위하여 각각 X, Y 축으로 움직이는 미러가 있고 이를 구동시키기 위한 motor와 control board가 있다. 또한 scanning 미러를 통해 나온 빔의 집속도를 높이기 위해 초점 렌즈(focal lens) 등으로 구성되어 있다.

③ 파워 서플라이 및 냉각 시스템

레이저 헤드에 전원을 공급해주는 장치와, 헤드에서 발생하는 열을 냉각시키는 냉각 시스템으로 구성되어 있다.

④ 마킹 콘트롤러(마킹 PC)

마킹 전용 소프트웨어가 탑재되어 있는 PC로서 레이저의 제어, 스캔 모터의 제어, 마킹 내용의 편집 등 기능을 수행한다.

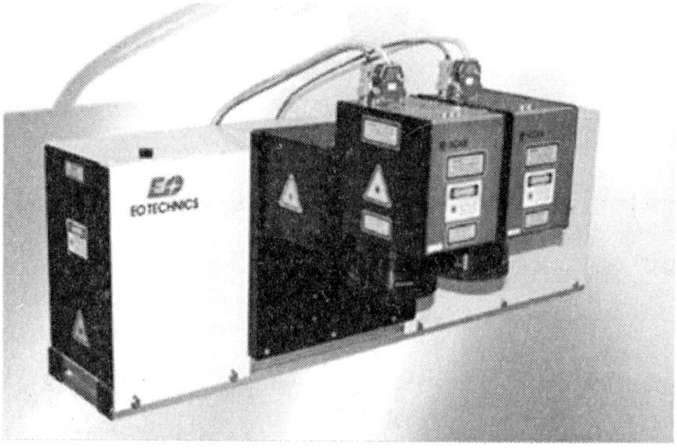

그림 6-5 마킹 장비에 사용되는 레이저 시스템

⑤ 레이저 파워 서플라이

금속으로 된 프레임으로 내부를 보호하도록 되어 있고, 먼지, 정전기, EMC로 인한 고장을 예방한다. 그리고, 레이저 시스템의 콘트롤, 각 부분의 전원 분배, 다이오드에 직류 전원 공급 등의 역할을 한다.

⑥ 메인 스위치(Main switch)

후면의 전원선과 냉각호스 등을 모두 연결한 후 파워 서플라이의 전면에 있는 메인 스위치(mainswitch)를 켠다. 메인 스위치를 키면 냉각 시스템의 펌프가 동작 한다.

⑦ 키 스위치(Key switch)

냉각 펌프가 동작하는 것을 확인한 후 메인스위치 아래에 있는 키 스위치를 켠다. 시계방향으로 한번 돌리면 파워 서플라이에 필요한 전원이 공급되고, 다시 한번 더 돌리면 레이저를 발진시키기 위해 필요한 전원이 헤드의 램프 양단에 공급된다.

⑧ 전류 컨트롤(Current control)

필요한 전원을 lamp 양단에 공급하기위해 전류 제어(Current control)를 사용한다. 마킹 프로그램을 로딩시키고, current control 부를 선택하여 원하는 전원을 공급한다.전류 사용 범위는 23A까지 이다. 23A 이상 공급했을 경우 램프 파손의 원인이 될 수 있다.

⑨ Q-스위치 스라이버

Q-Switch Driver는 파워 서플라이의 가운데 있는 것으로, 레이저의 Q-Switch에 27.12MHz의 주파수를 공급한다. Q-Switch는 초당 레이저의 펄스의 개수를 조정한다. 통상적으로 레이저의 주파수가 낮으면 펄스의 피크 파워가 증가하고, 높으면 감소한다. 마킹에서는 깊이를 조절하고자 할 때 주파수 값을 이용한다. 즉, 주파수가 낮으면 같은 속도의 마킹 깊이가 깊어지는 효과를 낸다. 5kHz 이하에서는 자주 사용하지 않는 것이 좋은데, 이는 펄스의 피크 파워가 커서 공진 미러에 손상을 가하는 경우가 종종 발생하기 때문이다. 펄스 폭은 주파수에 따라 변하지만, 여기서 의미하는 것은 발생하는 개별 펄스의 폭을 조절하여 펄스의 특성을 변화시킨다.

⑩ 냉각 시스템

파워 서플라이의 하단에 위치해 있으며, 레이저의 냉각수인 탈 이온수가 들어있는 물통이 있으며, 펌프와 냉각기로 구성되어있다. 후면에는 탈 이온필터가 설치되어 있으며, 예방 정비로 4개월에 한번 교체해 줄 것을 권한다. 교체하게 되면 냉각수인 탈 이온수 역시 교체를 해주는 것이 좋다.

(3) 인덱스(Index) 부

① 리어 인덱스 핀거(Rear-Index Finger)

Load Insert가 밀어 준 Frame을 Index가 Marking 부로(station Block) 옮겨주는 역할을 수행한다.

② 인덱스 업/다움(Index Leet Up/Down)

인덱스를 올리거나 내리는 역할을 수행한다.

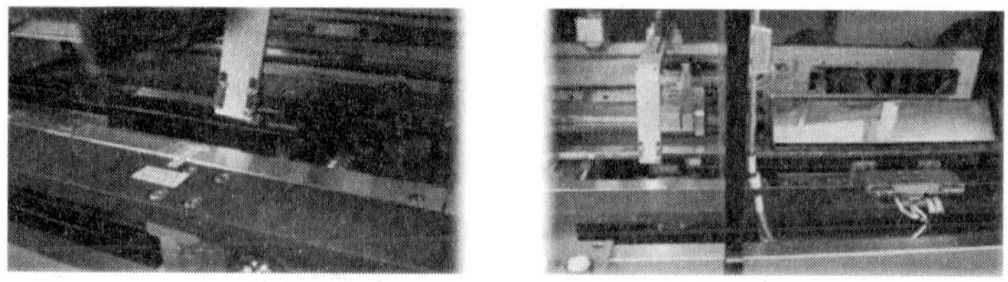

③ 스테이션 업/다운(Station Up/Down)

인덱스가 밀어 준 프레임을 스테이션의 블랙 핀으로 프레임이 흔들리지 않게 고정시켜 주는 역할을 수행한다. 고정시킬 때는 업 상태, 레이저 마킹 작업이 끝나면 다운 상태가 된다.

④ 인렛 비젼(Inlet Vision)

자재의 로딩이 제대로 되었는지를 카메라 렌즈를 통하여 확인하는 역할을 수행한다.

⑤ 마크 비전(Mark Vision)

마킹 작업이 완료된 자재의 이상 유무를 유닛 단위로 확인하는 역할을 수행한다.

⑥ 레일 버튼

Rail의 폭을 넓히거나 좁히는 역할을 수행한다. 버튼을 누르기 전에 레일에 프레임이 있는지 확인한 후 사용하여야 한다.

⑦ 매뉴얼 버튼

하나의 프레임을 빠르게 마킹 할 수 있게 해주는 역할을 수행한다. 동작시 인덱스 앞에 프레임을 놓고 매뉴얼 버튼을 누르게 되는데, 인덱스 앞에 두고 하기 때문에 비전 확인이 되지 않으므로 방향 확인 후 작업을 진행해야 한다.

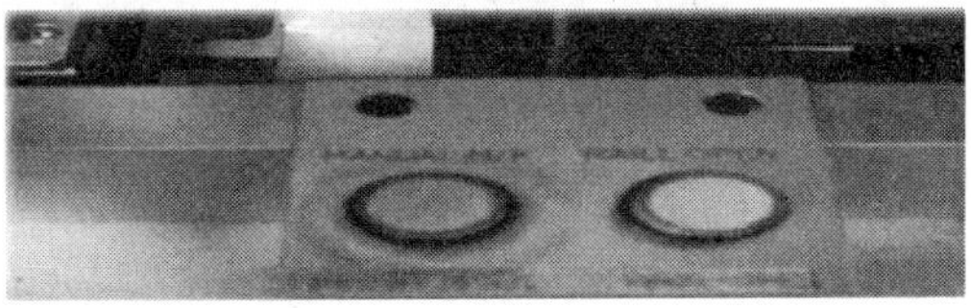

(4) 오프 로더(Off Load) 부

① 오프 카세트 벨트, 오프 카세트 그립퍼, 오프 엘리베이터는 로드부의 역할과 동일하다.

② 오프 인서트(Off Insert)

마킹이 완료된 자재를 오프 로드의 매거진 부로 이송 시켜 주는 역할을 수행한다.

③ 오프 엘리베이터 푸셔(Off Elevator Pusher)

마킹이 완료된 프레임을 하나하나씩 오프로드 매거진으로 밀어 주는 역할을 수행한다.

④ 인스펙션(Inspecton)

모니터 시 프레임을 나오게 하는 부분이다.

4. 마킹공정 영향 요소

레이저 마킹에서 마킹 품질은 파라미터에 의해 크게 좌우된다. 파라미터의 변수들은 크게 두 가지로 분류할 수 있는데, 하나는 레이저에 관련된 것이고, 다른 하나는 스캔 모터에 관련된 변수이다.

그림 6-6 레이저 마킹시의 드로잉 벡터와 점프 벡터에 대한 개념

레이저 마킹은 드로잉 벡터(drawing vector)와 점프 벡터(jump vector)로 나눌 수 있다. 드로잉 벡터는 레이저 빔이 켜져 있을 때를 나타내며, 마킹 속도는 드로우 스텝과 스텝의 기간에 의해 결정된다. 점프 벡터는 레이저 빔이 꺼져 있을 때를 나타내며, 현재 드로잉 벡터의 끝 시점부터 다음 드로잉 벡터가 시작되는 시점까지의 기간을 의미한다. 점프 속도는 점프 스텝과 스템의 기간에 의해 결정된다. 일반적으로 점프 스텝은 드로잉 스템보다 3배 정도 길다.

1) 레이저 파라미터

(1) 레이저 온 딜레이(Laser On Delay)

레이저의 on/off는 Q-스위치를 이용하여 매우 빠르게 일어난다. 만약 Laser On Delay가 너무 짧으면 마킹 시작점의 깊이가 깊어진다(그림 6−7a). 반면에 Laser On Delay가 너무 길면, 마킹 시작점의 일부가 마킹이 되지 않는 문제점이 생긴다(그림 6−7c).

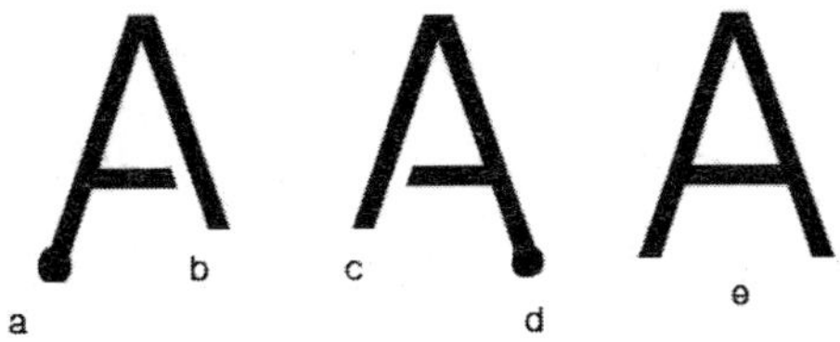

그림 6-7 레이저 온 딜레이(Laser On Delay)/레이저 오프딜레이(Laser Off Delay)

(2) 레이저 오프 딜레이(Laser Off Delay)

만약 Laser Off Delay가 너무 짧으면, 일부 마킹 벡터가 마킹이 끝나는 지점에서 마킹이 되지 않는다(그림 6−7b). 반면에, 너무 길면 마킹 깊이가 너무 깊어진다(그림 6−7d). (그림 6−7e)의 경우는 레이저 온 딜레이와 레이저 오프 딜레이가 잘 맞은 상태를 나타낸다.

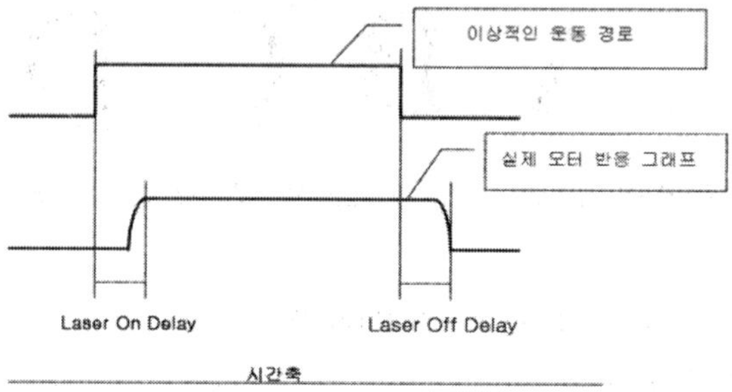

그림 6−8 Laser On, Off Delay vs. Motor Response

2) 스캔 모터 파라미터

레이저 변수와 마찬가지로, 모터 변수 역시 마킹의 품질을 좌우하는 중요한 변수다. 이 변수는 작업자가 지정하는 디지털 신호를 아날로그 신호로 바꾸어 모터에 전달한다.

마킹 영역과 216(65535)의 디지털 신호에 따라 최소 이송 단위가 결정된다. 예를 들어 184×184mm의 마킹 영역일 때는 최소이동 거리가 각 축이 최소 2.8um 정도가 된다. LSB 단위는 마킹 영역을 216(65535)의 디지털 신호로 나눈 최소 단위가 된다.

(1) 마크 스텝(Mark Step)

단위(LSB) : 이 변수는 레이저가 켜져서 빔이 나오는 상태로 모터가 이동하는 단위를 의미한다. 이 값은 한번에 이동하는 최소단위가 되며, 값이 크면 모터의 이동속도가 빨라진다. 반면에 값이 낮으면, 속도는 저하되는 대신 동일한 레이저 출력에서는 Depth가 깊어진다. 이 변수는 항상 step period와 밀접하게 관련되어 있다.

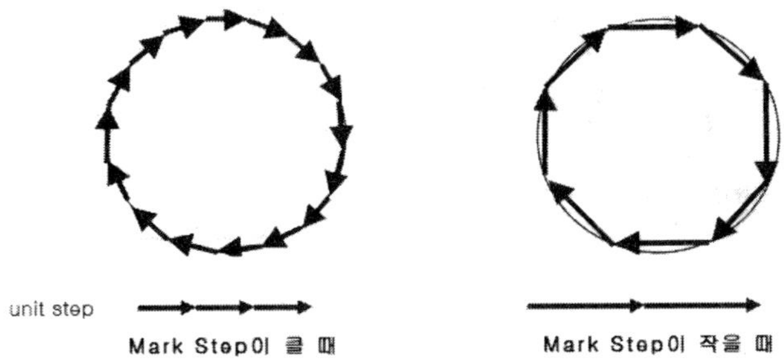

그림 6-9 마크 스텝

(2) Jump Step

이 변수는 레이저가 꺼진 상태에서 다음 마킹 구간으로 이동할 때 적용되는 단위 벡터로서 Mark Step보다는 통상 큰 값을 가진다. 즉, 주어진 시간 내에 이동하는 단위 크기를 말한다.

(3) Step Period

Step period는 mark step과 jump step을 수행하는 데 적용되는 단위 시간이다. 즉 이 시간동안 마킹과 점프를 행하게 된다. 이 값은 전체 마킹 시간에 중요한 영향을 미친다.

(4) Mark Delay

스캔 모터의 동작은 기계적인 특성이 있어서 마킹과 점프 등의 움직임에 관성적 영향을 상쇄시켜주기 위해 필요한 지연 시간이다. 즉, 모터에 전기적 신호가 입력되어 움직이기 시작할 때 생기는 지연 시간이다. 이 값이 적절하지 못하면 아래의 그림과 같이 마킹 품질이 원하는 데로 나오지 않게 된다.

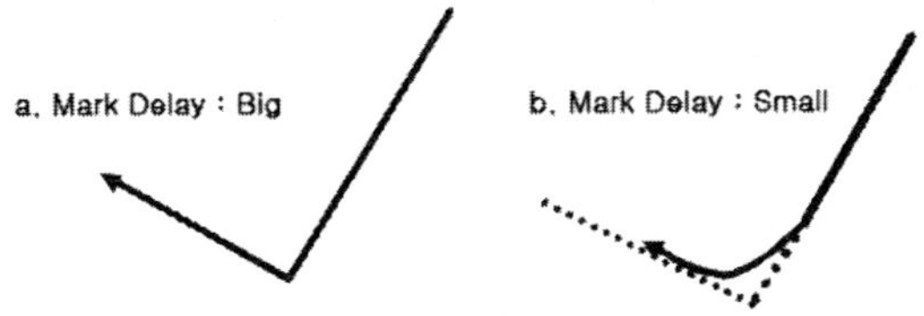

그림 6-10 Mark Delay

(5) Jump Delay

Jump Delay 역시 모터의 응답시간이 늦은 특성에 기인하는데, 다음 지점으로 이동하여 마킹을 시작하는 데 주는 지연 시간이다. 이 값의 크기에 따라 마킹의 품질이 영향을 받는다.

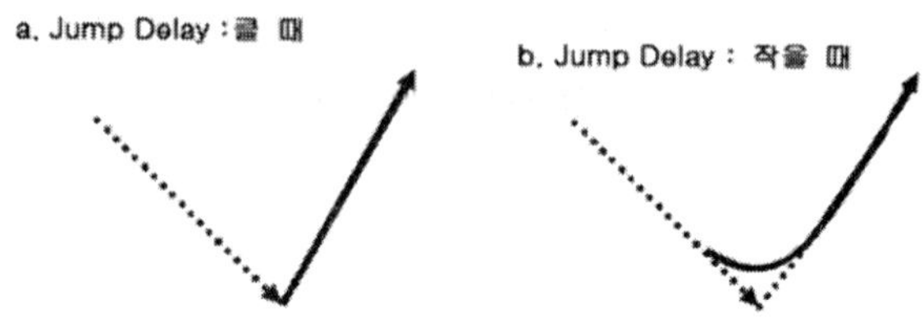

그림 6-11 Jump Dealy

(6) Corner Delay

Corner Delay는 곡선 또는 급격한 방향전환이 있는 부분의 마킹에 영향을 미치는 변수다. 이 값이 너무 크면 각 코너 부분에 간혹 깊은 포인트가 생기게 된다. 또 너무 작게 되면 곡선부분의 마킹 품질이 나빠진다(그림 5-9).

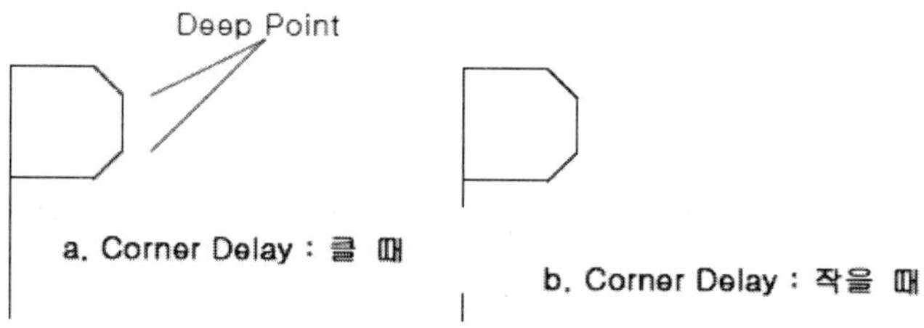

그림 6-12 Corner Delay

마킹의 품질은 위에 언급한 마킹 변수를 최적으로 조합하여 원하는 시간과 품질을 이끌어 낼 수 있으므로 최적의 마킹 품질을 얻기 위해서는 각 변수의 영향에 대한 깊은 이해가 필요하다.

5. 공정 불량

1) 인쇄 안 됨

패키지 표면에 인쇄가 안되어 있는 경우

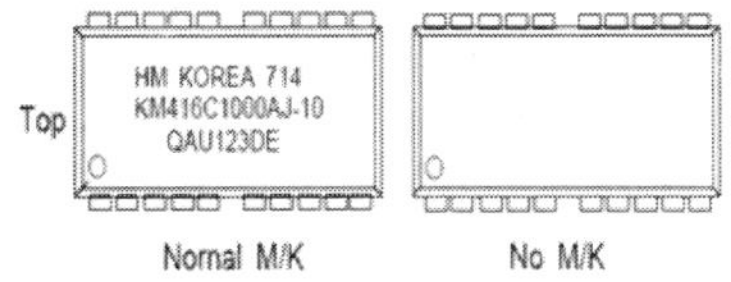

2) 역 인쇄

표면에 인쇄되어 있는 문자의 방향이 반대로 되어 있는 경우

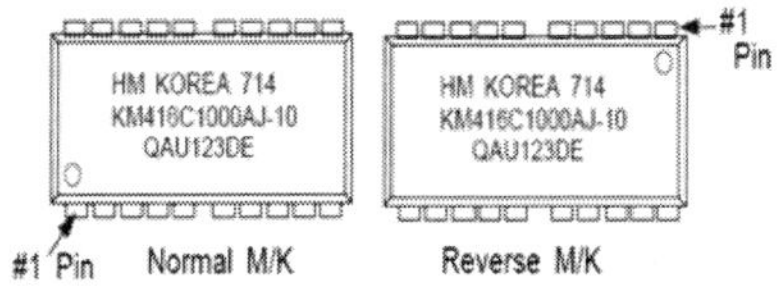

3) 활자 연결

인접 활자가 연결되어 활자가 제대로 인식이 안되는 경우

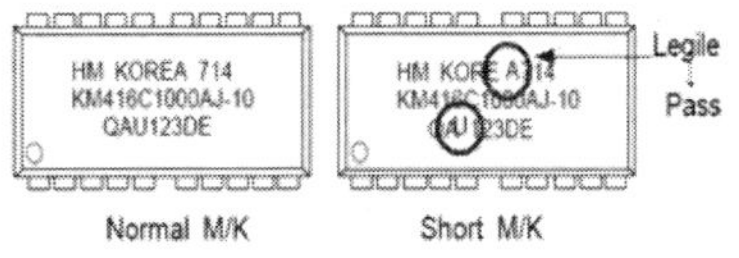

4) 인쇄 어긋남(Misalign Mark)

특정 활자가 인접 활자를 이탈하여 위치한 상태로 10mil 이상 이탈하였을 경우 불량으로 처리한다.

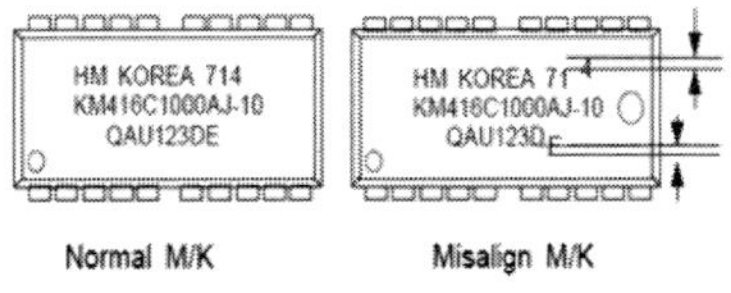

5) 인쇄 각도(Angle)

활자가 전체적으로 수평 방향을 기준으로 일정 각도 이상 벗어난 경우는 불량으로 처리한다.

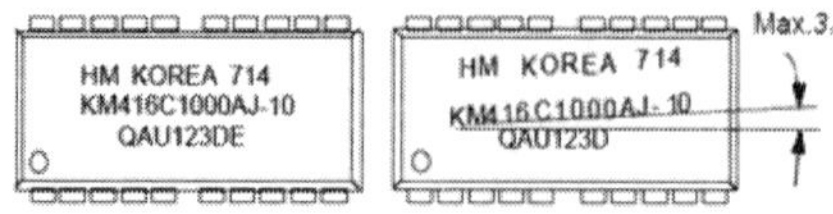

Normal M/K　　M/K Angle

6) 잘못된 인쇄(Wrong Marking)

규정된 인쇄 문자가 아닌 틀린 문자가 인쇄된 경우이다.

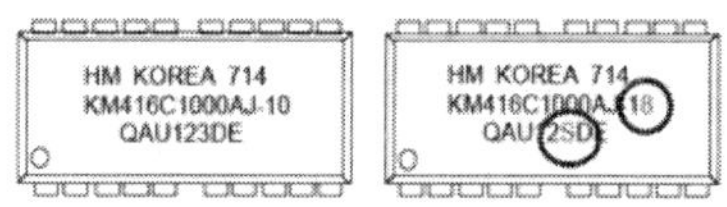

Normal M/K　　Wrong M/K

7) 이중 인쇄(Double Mark)

동일 Lot 활자내에서 한 PKG에 문자, 숫자가 침범하여 이중으로 인쇄한 상태이다

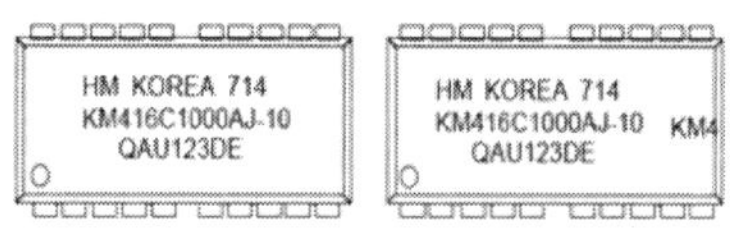

Normal M/K　　Double M/K

8) 겹침 인쇄(Added Mark)

Marking이 두번 이루어져서 글씨가 2중으로 겹쳐서 보이는 현상이다.

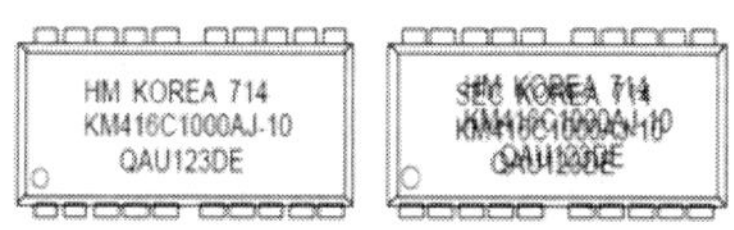

Normal M/K　　Added M/K

9) 활자 끊김(Broken marking)

일부 문자, 숫자가 끊긴 상태로 활자 인식이 안되면 불량이다.

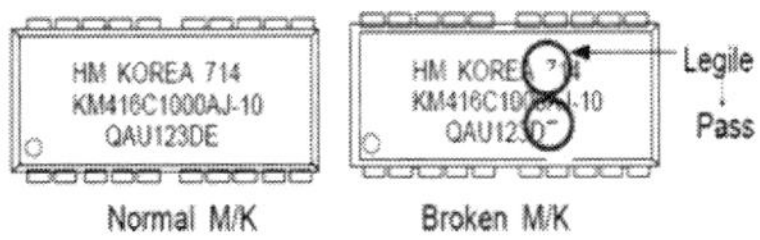

10) 이중 인쇄(Double Mark)

동일 Lot 활자내에서 한 PKG에 문자, 숫자가 침범하여 이중으로 인쇄한 상태이면 불량이다.

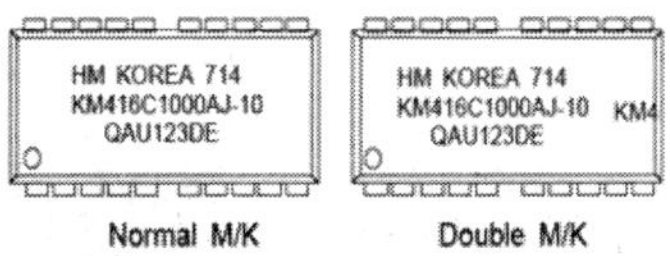

11) 겹침 인쇄(Added Mark)

마킹이 두번 이루어져 글씨가 2중으로 겹치면 불량이다.

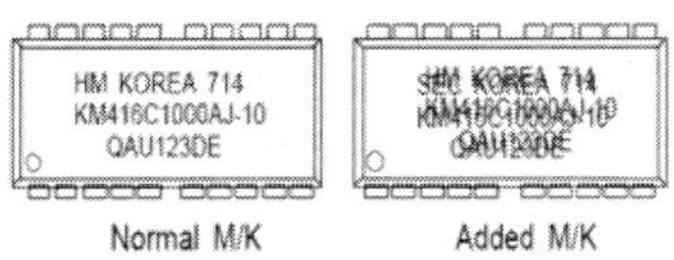

12) 인쇄 위치(Placement Mark)

인쇄는 정상적으로 되었으나 상하좌우로 위치가 이동되어 로드 넘버(Lot No.)가 Top 면의 하단에서 1/3이상 인쇄 되거나 문자가 하단에서 끊기면 불량이다.

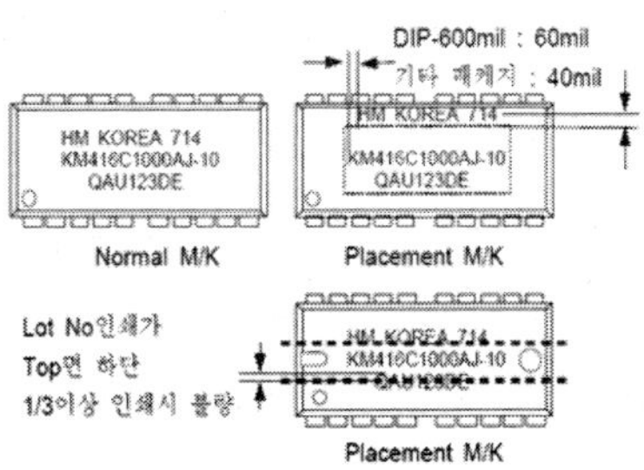

13) 인쇄 위치(Placement Mark)

인쇄가 좌우의 중앙에 인쇄되어야 하는데, Lot No.가 패키지 측면에서 1번 Pin을 침범하거나 글자가 끊기어 인쇄되면 불량이다.

14) 인쇄 정렬(Alignment Mark)

볼 타입의 패키지에서 활자가 상하 좌우로 치우쳐서 인쇄되어 글자가 끊어지면 불량이다.

15) Bay 현상(Bay Mark)

울타리를 형성하는(A, B, D, 4, 8, 0) 같은 문자, 숫자가 활자 안쪽까지 레이저로 메꾸어져 인식이 안 되는 상태면 불량이다.

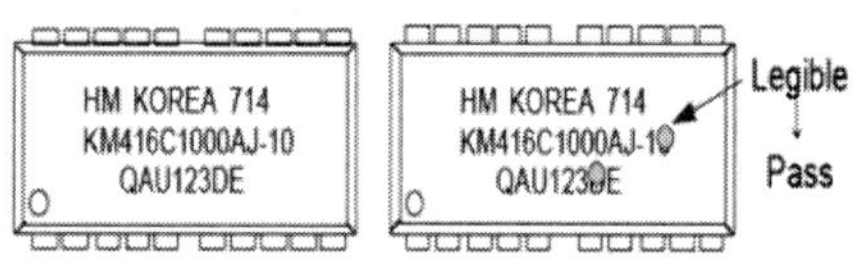

16) 인쇄 잡음(Noise Mark : Laser)

레이저 마크에서 노이즈로 인하여 본래의 활자 이외의 점이 찍힌 상태로 지름 6mil 이상 초과하면 불량이다.

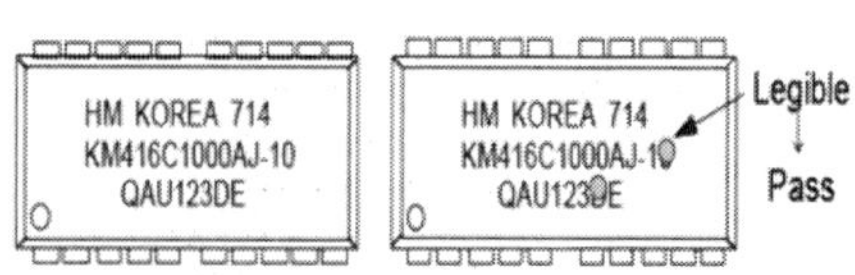

17) 인쇄 흐림(Indistinct Marking)

레이저 마킹에서 활자 색깔이 흐린 경우로 활자 인식이 안되면 불량이다.

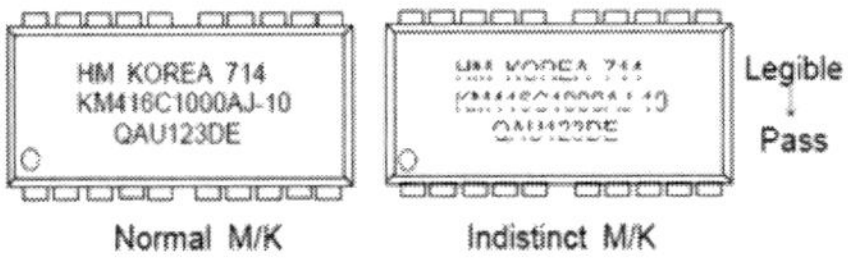

연습문제

01 마킹을 하는 방식과 원리에 대해 설명하시오.

02 마킹 공정에서 발생할 수 있는 불량의 종류에 대해 소개하고 설명하시오.

03 마킹 공정의 진행 순서에 대해 설명하시오.

마킹 공정 용어

NO	용 어	의 미
1	매거진	작업이 용이하도록 Lead Frame(리드 프레임)을 넣는 공구
2	캐리어	자재를 담아 운반하기 위한 용기
3	더미 (Dummy)	실 자재를 작업하기 전 샘플 작업용 자재
4	엠보싱, 탑피트 장갑	마킹 시 정전기 방지를 위한 보호 장갑
5	스펙	마킹을 적용하기 위한 레이아웃
6	CCS 의뢰	신규 Device 의 경우 반드시 품질팀의 확인을 받는 절차

솔더 볼 접합 공정

(Solder Ball Mounting)

07

Chapter

07
Chapter

솔더 볼 접합 공정 (Solder Ball Mounting)

1. 공정개요 및 동작원리

SBM(solder ball mount) 공정은, EMC(epoxy molding compound) 몰딩이(molding) 완료된 PCB 스트립(Strip)에 솔더볼을 접합시키는 공정이다. 이렇게 솔더볼이 접합된 PCB 스트립(Strip)을 패키지 낱개로 자르면(sawing) 메인보드에 실장하기 위한 준비가 된다.

솔더볼이 접합될 PCB의 구리 패드에 약간의 점성을 가지는 플럭스(Flux)를 도팅(dotting)하여, 솔더볼을 살짝 붙인 후, 솔더의 용융점 이상으로 온도를 높이면, 용융된 솔더가 플럭스로 인하여 산화막이 제거된 구리 패드를 적시(wetting)면서 접합하게 된다. 접합된 솔더와 구리 사이에는 분자간 확산이 활발하게 발생하여 금속간화합물 (IMC, Intermetallic Compound)을 형성하면서 단단히 접합하게 된다. 잔류 플럭스(Flux)는 세정 작업을 통하여 제거한다.

적용하는 솔더의 종류는 납(Lead, Pb)을 포함하는 것과, 포함하지 않는 것(Lead Free)이 있는데, 사용자의 조건에 따라 결정되지만, 최근에는 환경오염을 방지하기 위하여 주로 납을 포함하지 않는 무연솔더를 적용하고 있다.

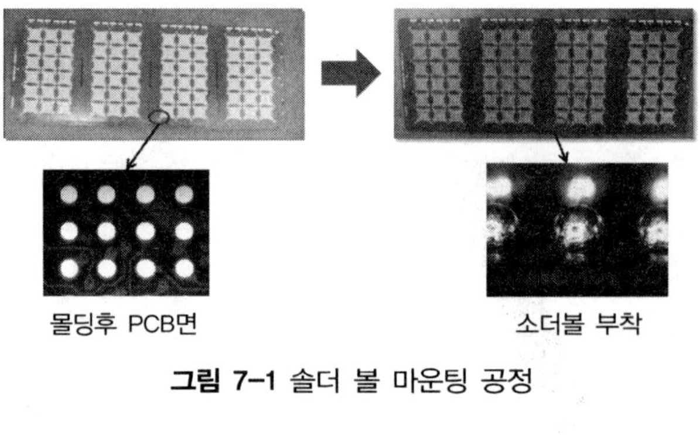

그림 7-1 솔더 볼 마운팅 공정

2. 필요 요소

1) 솔더볼

솔더볼은 BGA(Ball Grid Array) 패키지를 PCB 기판에 실장하여, 패키지와 기판을 연결하여 전기적 신호를 전달하는 역할을 수행한다. 납을 포함하는 솔더 중에서 융접이 가장 낮은 솔더를 공정솔더라고 하며, 납을 포함하지 않은 솔더를 무연 솔더라고 한다.

- 공정 솔더(eutectic solder) : 주석(Sn)63%, 납(Pb) 37%의 조성을 가진 땜납. 융점은 183℃로, 주석 · 납 합금 중에서 가장 낮다.
- 무연 솔더(Pb-free soldering) : 공정 솔더는 융점이 낮기 때문에 활용도가 우수하지만, 솔더에 포함된 납(Pb)성분은 환경을 심각하게 오염시킨다. 납을 포함하지 않은 솔더를 무연솔더이며, 주로 주석(Sn), 은(Ag), 구리(Cu)의 합금계가 있다.

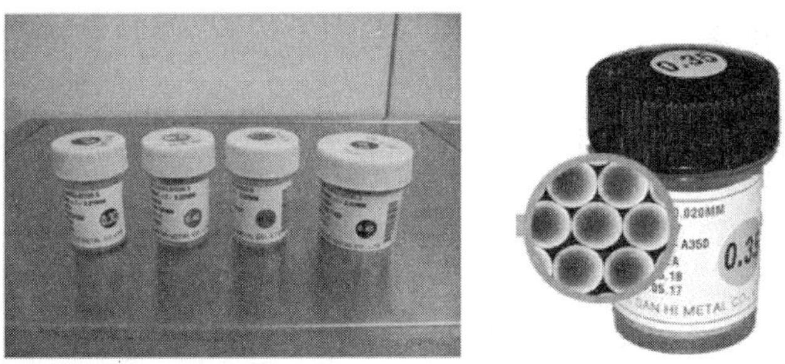

그림 7-2 솔더볼

전자 패키지에 주로 사용되는 솔더의 종류 및 특징은 다음 표와 같다.

무연 솔더는 주석을 기본으로 하여 은과 구리의 함량에 따라 특성이 달라지며 Sn/Ag/Cu의 접두어를 사용하여 SAC로 불리우기도 한다. 예를 들어 SAC305는 Ag 3.0%, Cu 0.5%이로 나머지 96.5%가 Sn이다. 또한 특성 변화를 위하여 인듐(In)이나 비스무스(Bi) 등이 소량 첨가되기도 한다.

표 7-1 대표적인 유연 솔더 및 무연 솔더(Ref : 덕산하이메탈)

Type	Part Code	Alloy Composition	Melting Temperature(℃)	Specific Gravity	Remarkes
Tin/Lead	L01	Sn/37Pb	183	8.4	
	L02	Sn/36Pb/2Ag	179~191	8.4	
	L03	Sn/90Pb	275~302	10.7	
	L04	Sn/10Pb	183~213	7.55	
Lead-Free	F02	Sn/2.5Ag/0.5Cu	217~219	7.4	*1
	F05	Sn/4Ag/0.5Cu	217~219	7.4	
	F07	Sn/3.5Ag	219~223	7.36	
	F11	Sn/3Ag/0.5Cu	217~219	7.4	*1

*1 Us Pat. No. 6179935. JP Pat. NO. 6296289. DE Pat. NO. 19816671

각각의 무연 솔더의 특징은 다음 표와 같다. 메카니컬 특징(shear strength, pull strength, hardness), 공정성(wettability, mush zone), 신뢰성(drop strength), 적출성(extrude) 등을 특성을 바탕으로 활용도에 따라서 적절히 선택한다.

표 7-2 무연솔더의 특성

Composition	Shear strength	Pull strength	Hardness	Wet-ability	*Mush Zone	Drop strength	Extrude Ag_3Sn	Remarks
SAC105	Weak	Weak	Weak	Worse	Wide	Good	Weak	Good for Ni/Au pad
SAC1205-0.05Ni	↓	↓	↓	Worse	Wide	Good	↓	Good for Cu-osp pad
SAC2505	↓	↓	↓	Good	Narrow	Good	↓	
SAC305	↓	↓	↓	Good	Narrow	Worse	↓	
SAC3505	↓	↓	↓	Good	Narrow	Worse	↓	
SAC405	Strong	Strong	Strong	Good	Narrow	Worse	Extrude	

솔더볼의 크기는 직경 150~500um를 가지고 있으며, 주로 mm 단위로 불리운다. 예를 들어 450um 직경 솔더볼은 '0.45볼'로 부른다. 솔더볼은 Package와 Board 간의 전기적 연결을 하며, 패키지의 Board Level 신뢰성에 큰 영향을 미치기 때문에 패키지 쪽과 보드쪽 각각의 패드 크기의 설계에 유의하여야 하며, 대표적인 Design Guide는 표 7-3과 같다.

표 7-3 대표적인 솔더볼의 크기 및 Pad 디자인

S/Ball	500	450	400	350	300	250	200	150
Ball Pad Open	450+/−30	400+/−30, 380+/−30	320+/−30 350	330+/−30 300+/−30	275+/−30, 250+/−30 350	225+/−30	175+/−30	125+/−30
Ball Pad Land	575+/−30	550+/−50, 500+/−50	500+/−50	450+/−50	400(380)+/−50, 350+/−50 500+/−50	325+/−50	275+/−50	225+/−50
Ball Height	380+/−50	350+/−50, 340+/−50	320+/−50 300	250+/−50 270+/−50	220+/−50, 230+/−50 185	180+/−50	145+/−50	110+/−50

2) 플럭스(Flux)

(1) 플럭스란

플럭스(Flux)는 라틴어의 "Fluere(Flow)"에서 유래된 말로서 Solder의 흐름을 돕는데 사용하고 있으며 모재와 Solder가 접합할 때 자기 스스로는 반응하지 않으면서 다른 물질의 반응을 촉진시켜 주는 촉매와 같은 역할을 한다. 플럭스는 다음 그림과 같은 용기(syringe)에 담겨 있다.

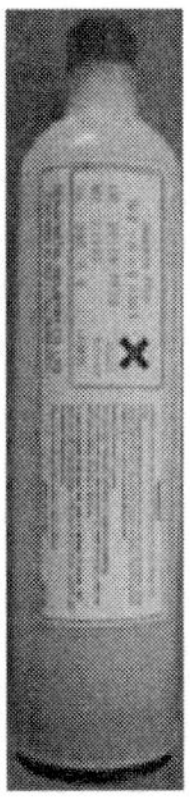

그림 7-3 플럭스 시린지(Flux Syringe)

(2) 플럭스 역할

① Solder 표면의 산화물 제거, 보존하여 재산화를 방지(화학적 기능).
② Solder의 표면장력을 저하시켜 퍼짐성을 좋게 한다(물리적 기능).
③ Solder와 모재간에 열을 조정 전달하여 납땜성(Solderability)을 좋게 한다(열적 기능).

(3) 플럭스 조건

① 모재의 산화피막과 같은 불순물을 제거하고 유동성이 좋을 것
② 청청한 금속면의 산화를 방지할 것
③ Solder와 표면장력을 낮추어서 모재와의 친화도를 높일 것
④ Flux의 유효온도범위와 Soldering 온도가 일치할 것
⑤ Flux의 유효범위 안에서 탄화(Carbonization)가 되지 말 것
⑥ Soldering 후 잔사제거가 용이할 것
⑦ 모재나 Solder에 대한 부식작용(Corrosive rxn)이 없을 것
⑧ 환경이나 인체에 안전할 것

(4) Flux의 종류

플럭스의 종류는 표 7-4에 표시된 바와 같이 나타낼 수 있다.

표 7-4 플럭스의 종류

Type	구분기준	특 징	용 도	비 고
R(Rosin)	Rosin base	*Activator 첨가없이 Rosin 자체 활성력 이용	*Test용 *고온용	*Gum rosin *Wood rosin 등을 사용. Acid No가 min. 130 이상 사용
RMA(Rosin mildly activator)	Rosin +Activator	*Activator를 0.5% 이하 첨가	*S.M.T. *고신뢰용 *광범위하게 사용됨	*No-residue
RA(Rosin activator)	Rosin +Activator	*Activator를 2.0% 이하 첨가	*Ni과 같은 Wetting 성이 안 좋은 곳에 사용	*Wetting성 양호 *Cl를 사용함으로서 부식과 산화가 발생되므로 세척 필요
SA(Synthetic activator)	Synthetic activated flux	*Activator를 2.0% 이상 첨가	*Cu 등의 표면처리가 안된 비철 금속에 사용(Al)	*잔사는 C.F.C. 용제를 사용해야 함으로 환경적으로 불리하여 사양화되고 있음

Type	구분기준	특 징	용 도	비 고
WS (Water Slouble)	Salts Acids Amine	*C, F, Cs를 대체하기 위하여 개발	*고신뢰성	*부식성이 강하고 도전성이 높아서 잔사 완전제거 필요 *제조원가 절감 *강한 Flux 작용을 하며 물세척이 용이
OA(Organic Activated)	Carboxlic group을 가진 화합물 Amine hydrohalide 화합물	*RA flux보다 활성력이 큼	*Repair work *P.W.B. 위의 Bumping에 사용	*주로 W/S로 구성됨

(5) Paste Flux의 구성요소/역할

① Rosin/resin(30～60%)

고온에서 Paste의 유동성을 좋게 한다.

- 가격이 저렴하다.
- 유동성을 좋게 하는 매개 역할을 한다.
- Activity(R type) 역할을 한다.

② 솔벤트(Solvent(30～90%))

- 고형물질을 용해한다.
- Soldering 전까지 열적 안정성 유지

③ Activator(2～3%)

- 모재 표면을 세척하고 재산화를 방지한다.
- 납땜성(Solderability) 증가

④ Rheological agent/Thickeners/viscosity modifiers(2～5%)

- Paste 성상의 지속력 유지
- Flux 도포량 유지
- 유동성 유지

⑤ 기타 성분(2～3%)

- Ex : Surfactant, The Other agent
- 결합력 증가/이물질 제거
- 표면광택 유/무

표 7-5 Flux의 구성

Composition	Item	Description	Function
Rosin	Polymerized Rosin	• Highest percentage • Softening in the preheating • Avoid contact with oxygen over the surface of power	• Heat-resisting • Adhesiveness
	ww Rosin		
	Hydric Rosin		
	Ester Denatured		
	Phenol Denatured		
Activator	Amine hydrochloride	• Oxide removal of Solder and Pad	• Printing capability • Spreading
	Organic Acids		
Thixotropic Agent	Hydrologenated Caster oil	• Improvement perviousness during the printing process • Solder prevent collapse after the printing process	• Spreading • Soler ball • Viscosity stability • Heat-resisting
	Honey Wax		
	Aliphatic Amide		
Solvent	Di-ethylene Glycol	• Well-known mixed flux composition	• Homogenization • Printing capability
	Polyhydric Alcohol		

3. 공정 순서

1) 공정 개요

솔더볼 마운팅을 위한 설비는 다음과 같은 4가지로 구성되어 있다.

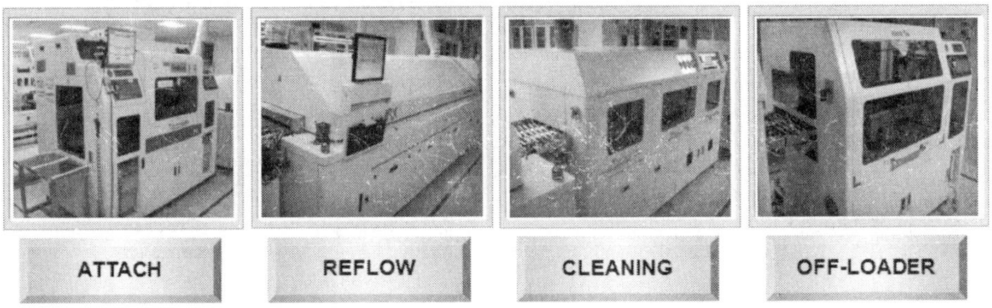

그림 7-4 솔더볼 마운팅 순서 및 설비

상기 설비들은 아래 그림과 같이 일렬로 배치하여 일괄 작업이 수행되도록 한다.

그림 7-5 일괄 정렬된 솔더볼 마운팅 설비

솔더볼 접합을 위한 공정 순서는 다음 그림과 같다.

- 볼 마운트 설비에서 플럭스를 도팅하고, 도팅된 플럭스에 솔더볼을 올려 놓는다.
- 리플로우 설비에서, 정해진 온도 프로파일을 따라서 솔더 용융점 이상으로 온도를 가하여 솔더를 녹이고 패드에 접착시킨다.
- 남아있는 플럭스는 클리닝 설비를 이용하여 제거 한다.
- 오프 로더에서 공정이 완료된 PCB 스트립을 카드리지에 담는다.

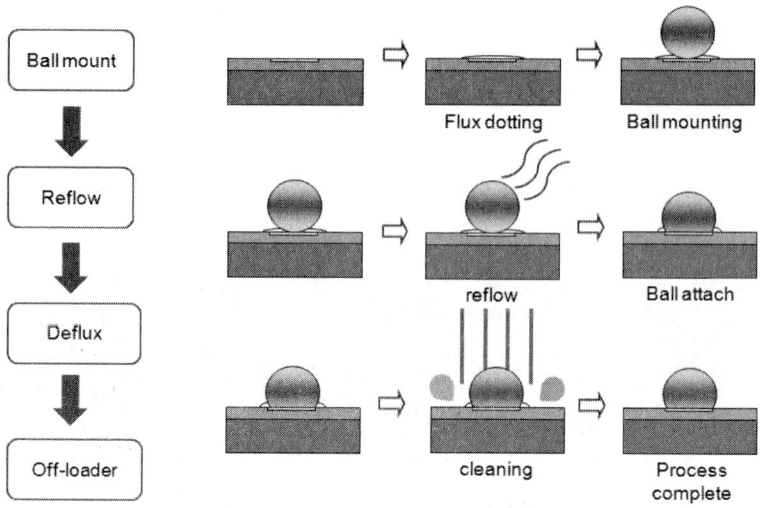

그림 7-6 솔더볼 접합 공정 흐름

2) 플럭스 도팅

플럭스 도팅 순서는 다음과 같다.

- 플러스 용기에 플럭스를 채운다.
- 플럭스 도팅 핀에 플럭스를 묻힌다.
- PCB의 구리 pad에 플럭스를 도팅한다.

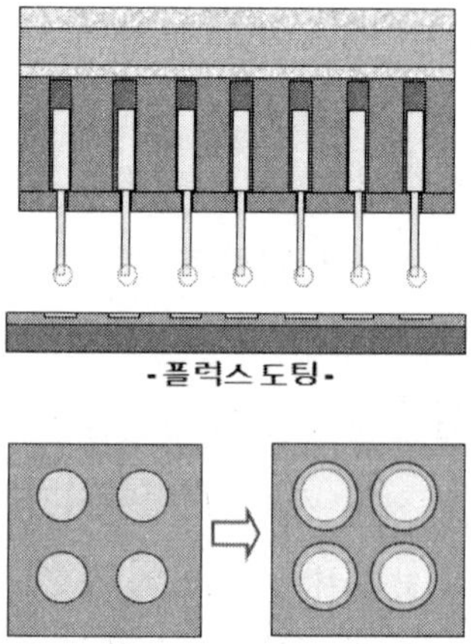

그림 7-7 플럭스 도팅

이 때, 플럭스의 량은 다음 두가지 파라메타를 이용하여 조정한다.

- 도팅 압력 : 도팅 압력이 높으면 많은 량의 플럭스가 구리 pad에 공급된다.
- 도팅 시간 : 도팅 시간을 길게 하면 많은 량의 플럭스가 구리 pad에 공급된다.

3) 플럭스 도팅 검사

- 플럭스 위치 : 플럭스는 구리 Pad에 정확히 일치하여야 하며, 구리 pad를 완전히 감싸야 한다.
- 플러스 도포량 : 플럭스는 구리 Pad를 최소 100%, 최대 150% 감싸야 하며, 보통 120%를 추천한다.

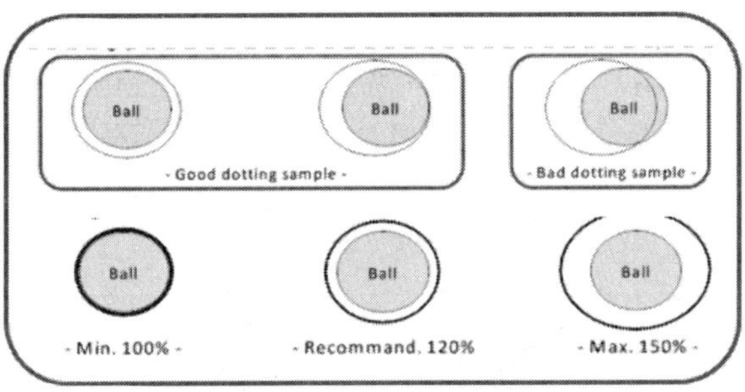

그림 7-8 도포된 플럭스의 검사

4) 솔더볼 마운팅(Ball Mounting)

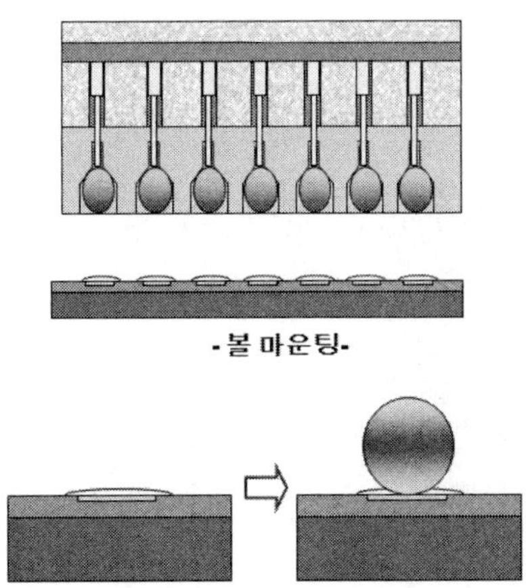

그림 7-9 솔더볼 마운팅

작업 순서는 다음과 같다.

- 솔더볼이 보관된 Box에 진동을 가하여 솔더볼이 뛰어오르게 한다.
- 솔더볼 마운터는 진공을 이용하여 솔더볼을 각각의 핀 위치에 1개씩 빨아들인다.
- Flux가 도팅된 PCB상의 구리 pad에 솔더볼을 올려놓는다.

솔더볼 마운터는 다음 두가지 파라미터에 의하여 제이된다.

- 진공압 : 진공 압력이 너무 높으면 두 개 이상의 볼이 Pick up 된다.
- 볼 떨어뜨리는 높이 : 솔더볼이 구리 pad에 정확히 올려지기 위해서는 볼 낙하 높이가 적절하게 조정되어야 한다.

검사

- 솔더볼의 위치 : 솔더볼은 구리 Pad에 정확히 올려져야 한다.
- 솔더볼의 위치가 불량할 시 주위의 볼들과 합쳐지거나(bridge) 볼이 접합되지 않고 누락되는(missing ball) 경우가 발행한다.

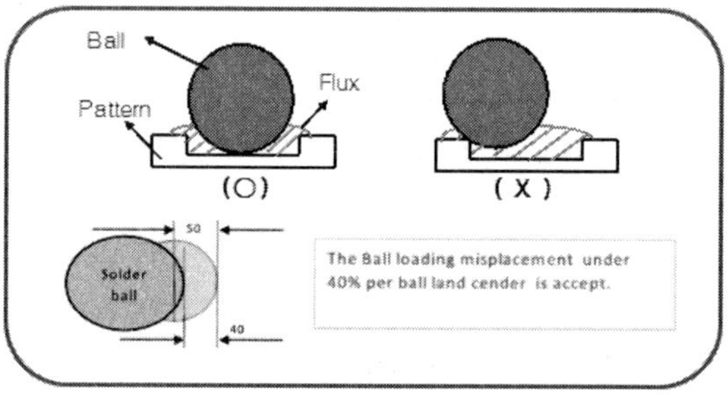

그림 7-10 올려진 볼의 위치

5) 리플로우(Reflow)

다음 그림은 리플로우 설비이다.

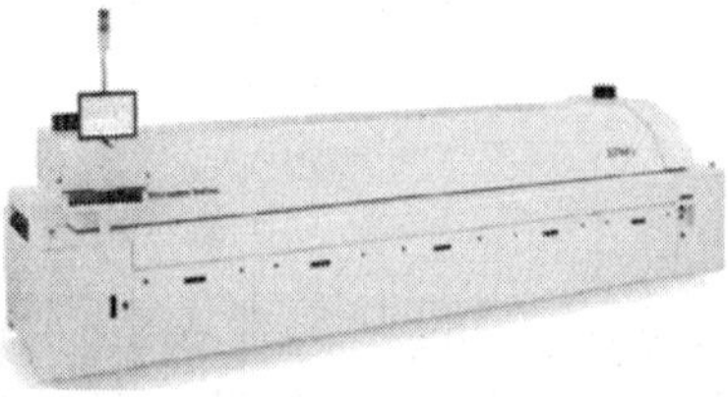

그림 7-11 리플로우 장비

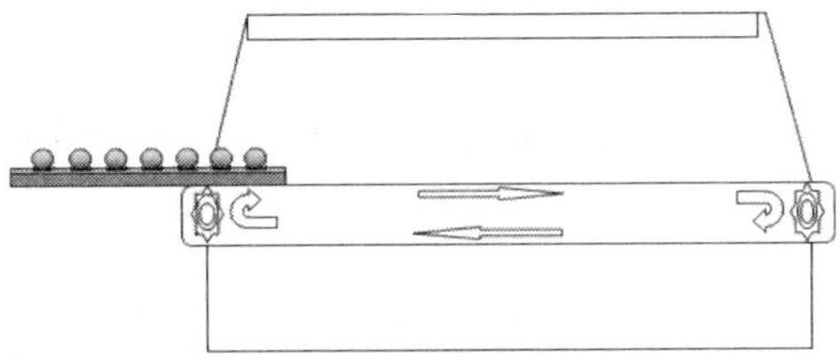

그림 7-12 리플로우 장비 개념도

솔더 리플로우(solder reflow)는 기판에 놓인 SMD(Surface Mount Device)에 고온을 가해 솔더를 녹여서 기판에 고정시키는 공정이다. 솔더볼 마운트 공정에서는 솔더볼이 SMD에 해당하며, 기판을 Package의 PCB면이라고 볼 수 있다. 참고로 동일한 장비가 패키지를 PCB board에 실장할 때도 사용될 수도 있다.

Solder Reflow solder reflow 오븐을 써서 수행 된다. 이 오븐은 필요한 온도를 얻기 위해 두가지 방법을 쓰는데 서로 보완적으로 쓰이는 IR(Infrared)Reflow 와 Convection Reflow가 있다. 현재 많은 오븐들은 이 두 가지를 혼용하여 보다 나은 성능을 발휘하도록 하고 있다.

(1) IR Reflow

IR Reflow 는 적외선 램프에서 열 에너지를 기판에 전달하는 방법이다. 기판은 초기에 표면의 기준선을 중심으로 IR Reflow 에 의해 달궈 지는데 이때 기판의 밀도가 균일하지 않으면 공정중에 hot spot이 생길 수 있다. 그리하여 같은 IR reflow를 거치더라도 기판 위에 가해지는 stress level이 각각 달라진다.

(2) 대류 리플로우(Convection Reflow)

Convection Reflow는 뜨거워진 공기를 기판에 쏘아 열을 전달시키는 방법이다. Convection reflow IR reflow에 비하여 보다 균일하게 열을 전달할 수 있다.

(3) Reflow temperature profile

Reflow 시 정해진 온도 프로파일을 가지며 각각 다음과 같은 구간으로 나누어 질 수 있다.

① 예열

Solder paste에서 용매가 증발되는 온도까지 점차적 예열

② Flux Activation

기판 표면의 산화막과 오염 물질을 제거 되도록 한다.

③ Actual Reflow

Solder 합금물이 녹기 시작하는 점까지 온도를 올려 솔더볼이 기판에 충분히 젖을 수 있도록 하여 원하는 원 모양을 얻는다. 이때 reflow의 최대 온도는 납합금물이 녹아 충분히 기판과 소자를 적실 수 있도록 해야한다.

④ Cooldown

땜납이 식어 경화되어 솔더와 구리 Pad 사이가 잘 붙을 수 있도록 적당한 속도로 온도를 내린다.

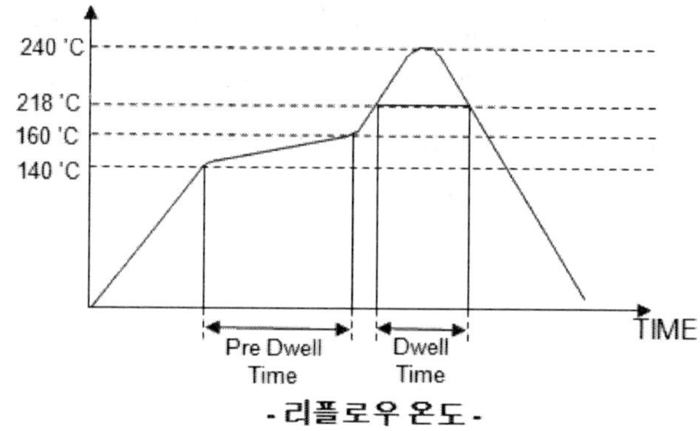

그림 7-13 리플로우 프로파일

⑤ IR reflow의 주요 인자

- 리플로우 장비는 여러 구역으로 나누어져 있고, 사용자가 각 구역별 온도를 조절함으로써, 전체 공정에서의 온도 프로파일을 얻을 수 있다.
- 솔더의 품질 향상을 위하여 질소(N_2)를 가할 수 있다.

6) 세 정(Cleaning)

다음 그림과 같은 플럭스 세정제를 이용하여 잔류 Flux를 제거한다.

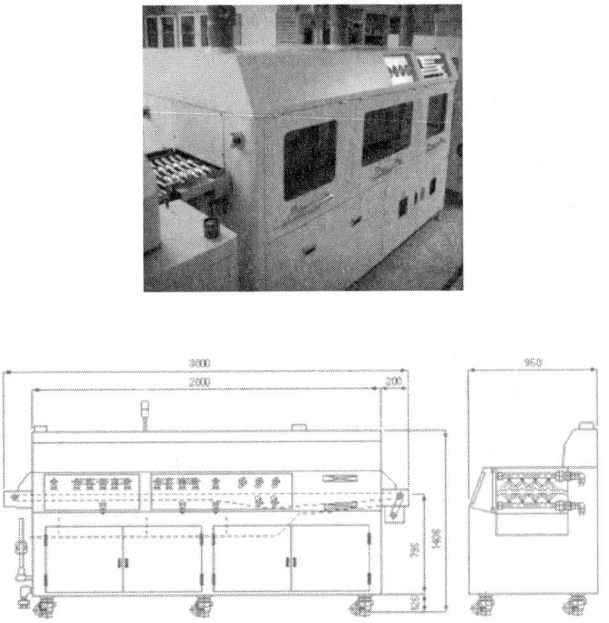

그림 7-14 Reflow 장비

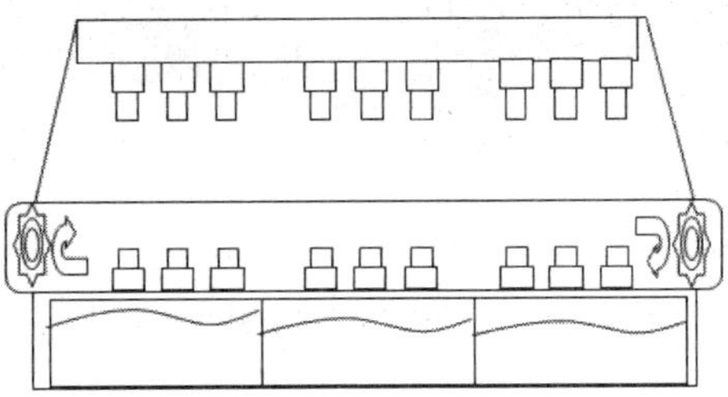

- D.I. Water cleaning -

그림 7-15 Reflow 장비 개념도

※ 검사

- 잔류 Flux의 량 : Flux가 남아 있으면 전기적 Short를 유발한다. 따라서 Flux 잔사가 남지 않도록 하고, 발견 시 장비를 정지하고 보수하여야한다.
- 크리닝 시 전류가 흐르지 않도록 이온이 제거된 순수 물(DI water, De-ionized water)을 사용하여야 한다.

4. 장비의 구성 및 모듈별 기능

장비는 솔더볼을 붙이는 부분인 Attach부분, 솔더볼을 PCB에 고정시키는 공정인 Reflow부분, Flux를 세정하는 Cleaning 부분, 그리고 마지막 공정인 Off-loader 공정으로 구분할 수 있다.

각 공정별로 구성 및 각 모듈별 기능을 정리하면 다음과 같다.

1) Solder Ball 접합 부

이 부분은 솔더볼을 PCB에 올려놓는 기능을 하는 부분이다.

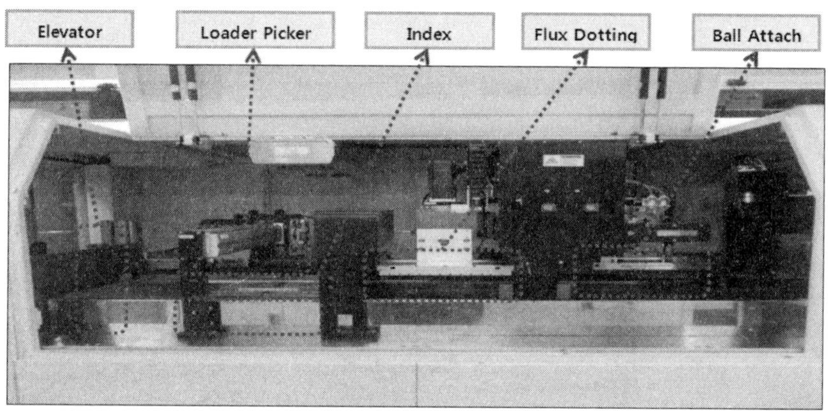

그림 7-16 Solder ball 접합부 구성 모듈

표 7-6 Solder ball 접합부 구성 모듈 소개

No	설비 Unit 명칭	정 의	사 진
1	Elevator (엘리베이터)	볼 어태치를 위하여 매거진에 있는 자재를 레일로 운반하는 장치이다.	
2	Loader Picker (로더 피커)	로더에서 레일로 이송된 프레임을 인덱스로 픽업하여 이송하는 장치이다.	

No	설비 Unit 명칭	정 의	사 진
3	Index (인덱스)	피커에서 받은 자재를 진공을 이용하여 고정시켜 플럭스 어태치부로 이송하는 장치이다.	
4	Flux Dotting (플럭스 돗팅)	솔더링을 용이하게 하기 위하여 플럭스를 묻혀 자재에 Dotting하는 장치이다.	
5	Ball Attach (볼 어태치)	볼을 픽업하여 PCB Ball Land에 놓는 기능을 하는 장치이다.	
6	Vision Inspection (비젼 인스펙션)	솔더 볼이 PCB의 볼 랜드에 제대로 올려져 있는지를 비전시스템을 이용하여 검사하는 장치이다.	
7	Transfer (트랜스퍼)	솔더 볼이 붙여진 자재의 비전 검사가 끝난 자재를 리플로우 부분으로 이송시키는 장치이다.	

2) 리플로우(Reflow)부분

PCB위에 올려진 솔더볼이 PCB에 고정되도록 하기 위해 일정온도로 셋팅하여 솔더 볼이 녹은 후 PCB 패드에 고정되도록 하는 장치이다.

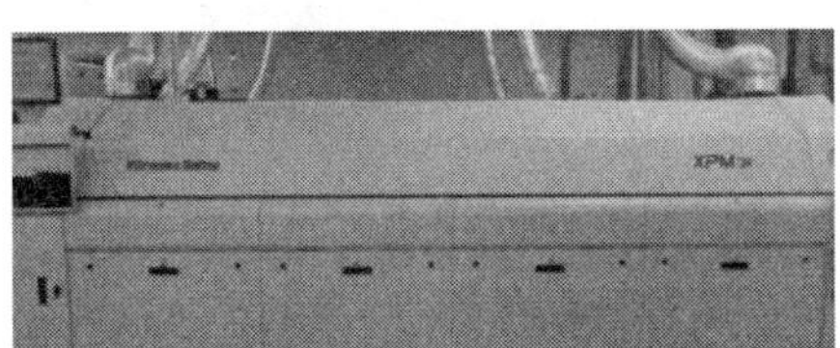

그림 7-17 리플로우 장비

3) 클리닝 부분

리플로우 부분을 통과한 자재의 PCB에 잔존하고 있는 각종 이물질 및 플럭스를 제거하는 장치이다.

그림 7-18 클리닝 장비

4) 오프 로더(Off loader) 부분

크리닝이 완료된 자재를 매거진에 담아서 이송하는 부분이 오프로더 부분이다.

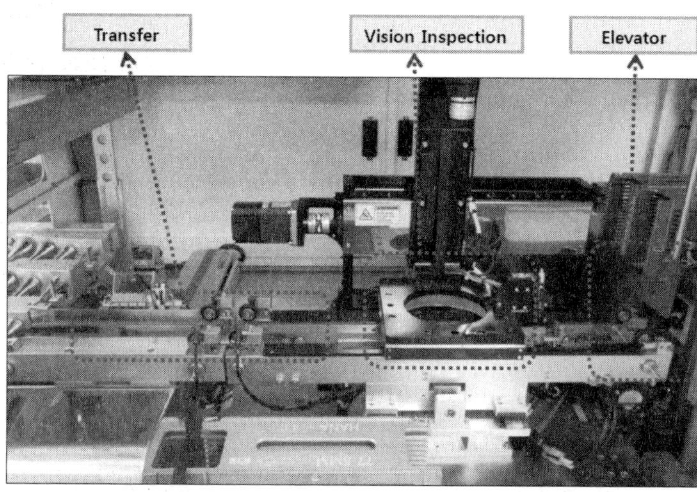

그림 7-19 오프 로더 부분 구성

오프 로더 부분은 트랜스퍼, 비전검사, 엘리베이터 부분으로 구성이 된다.

표 7-7 오프로더 부분 구성 모듈 소개

No	설비 Unit 명칭	정 의	사 진
1	트랜스퍼 (Transfer)	클리닝이 완료 된 자재를 언로딩)하기 위해 엘리베이터의 빈 매거진까지 자재를 이송시켜 주는 장치	
2	비전 검사	솔더 볼 어태치 작업이 완료된 자재를 검사하는 장치	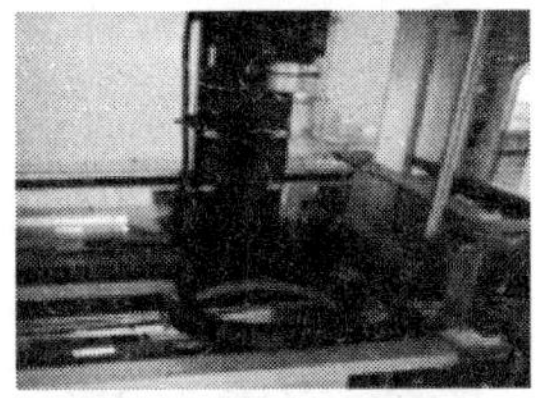
3	엘리베이터 (Elevator)	솔더 볼 어태치 검사가 완료된 프레임을 매거진으로 넣어 레일로 이송시키는 장치	

5. 공정불량

다음은 Solder ball attach 공정에서 발생할 수 있는 불량을 소개하였다.

1) 볼빠짐(Ball Missing, Non-Wetting)

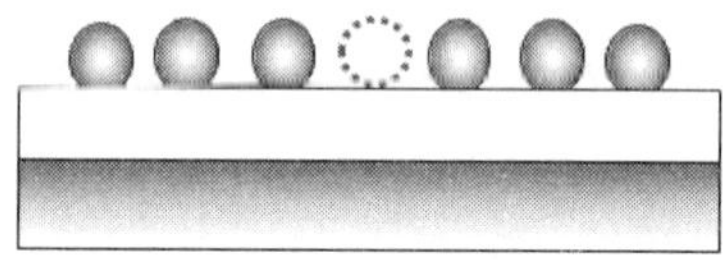

그림 7-20 볼빠짐 불량

2) 볼합쳐짐(Bridging)

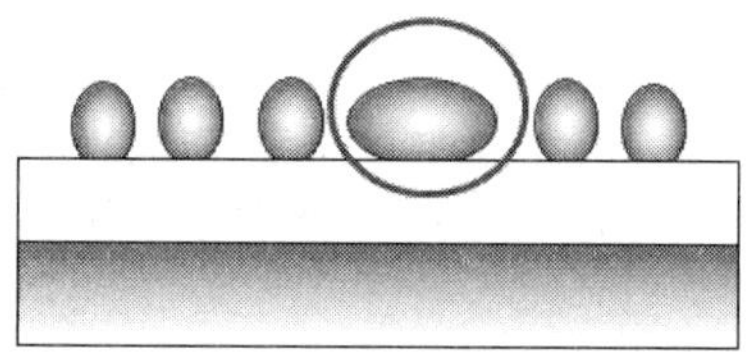

그림 7-21 볼 Bridge 불량

3) 볼 크기 불량(Ball size defects)

볼의 크기가 너무 크거나 작으면 불량이다(Spec : +-50um)

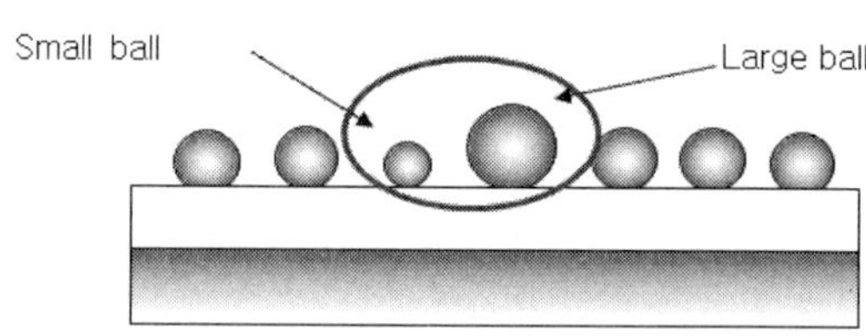

그림 7-22 볼 사이즈 불량

4) Ball-damage

볼의 높이가 원래 볼 대비 0.10mm 낮거나, 25% 이상 볼의 폭이 작으면 불량이다.

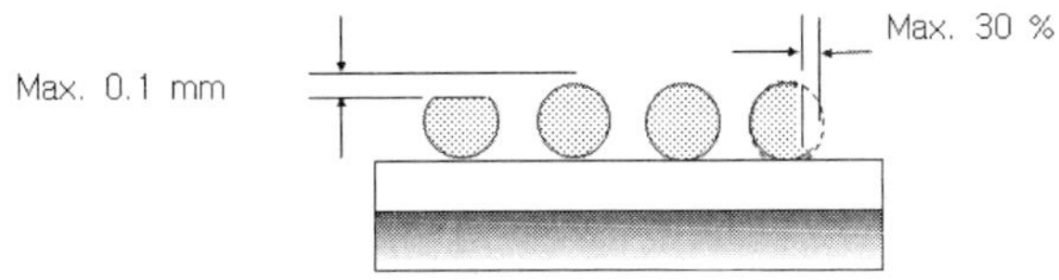

그림 7-23 볼 데미지 불량

5) 편평도(Coplanarity)

볼들의 높이차이가 100um 이상이면 불량이다

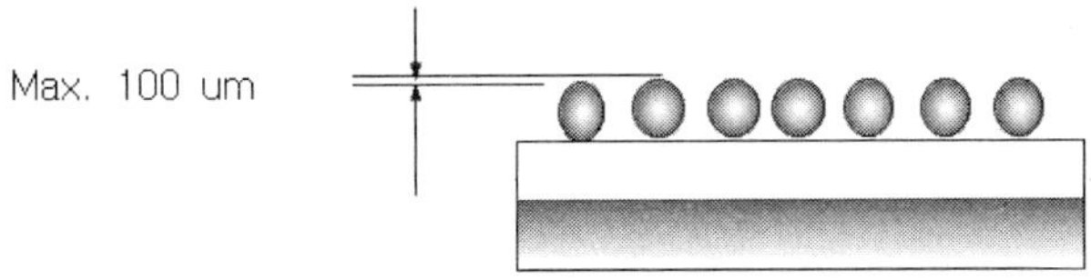

그림 7-24 편평도 불량

6) 위치 불량

볼의 위치가 규정 좌표에서 벗어나면 불량이다

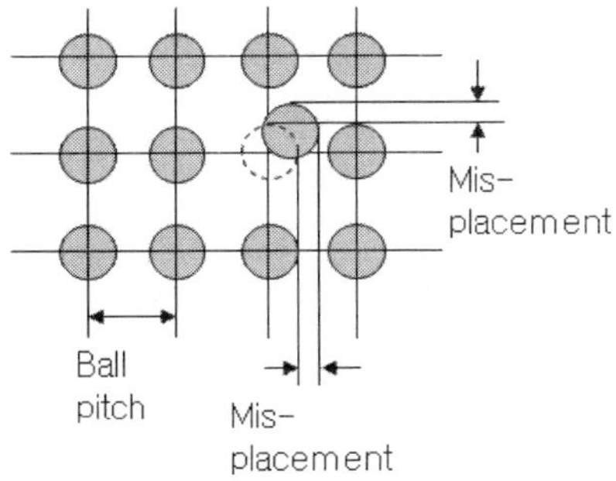

그림 7-25 위치 불량

표 7-8 위치 불량의 범위

Ball pitch	Mis-placement
1.27 mm	125 um ≤ M
1.0 mm	100 um ≤ M
Less than 1.0 mm	75 um ≤ M

6. 기타

1) 접합 메카니즘

솔더의 접합 메카니즘은 다음과 같다. 일반적으로 금속 pad 위에는 산화막이 형성되어 있는데, 이 산화막은 솔더와 금속의 접합을 방해하므로 Flux를 이용하여 제거 한다. 산화막이 제거되면 솔더와 금속이 직접 접촉하게 되어 금속, 즉 구리와 솔너산의 분자 확산(diffusion)이 발생하게 되고 상호 확산된 구리와 주석은 금속간화합물(IMC, intermetallic compound)를 형성하여 단단히 결합하게 된다.

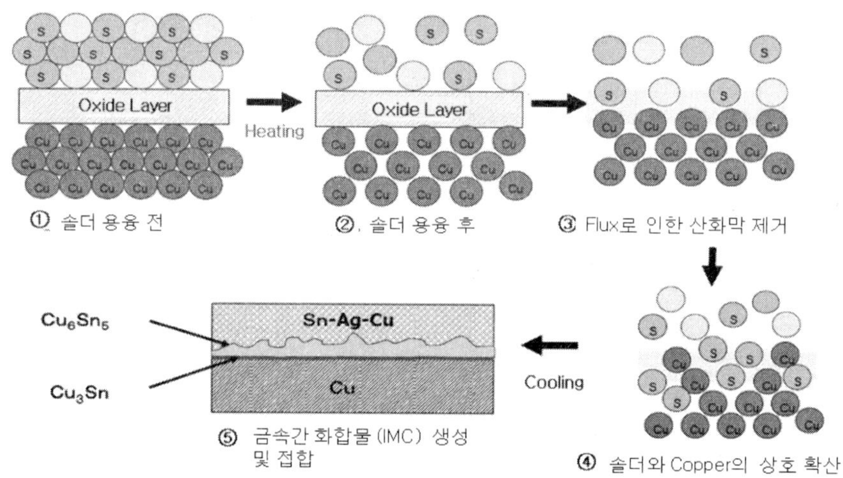

그림 7-26 솔더링 원리

2) 접합력 테스트

솔더의 접합력은 다음 그림과 같은 볼 전단 테스트(Ball shear teat)를 이용하여 측정할 수 있다. 즉 작은 Stylus tip을 이용하여 바닥에서 3um 떨어뜨린 상태에서 볼을 옆으로 밀어내면서(Shear) 볼이 밀릴 때의 하중을 측정할 수 있다. 아래 그림은 솔더볼의 종류에 따른 전단하중의 예를 나타낸다.

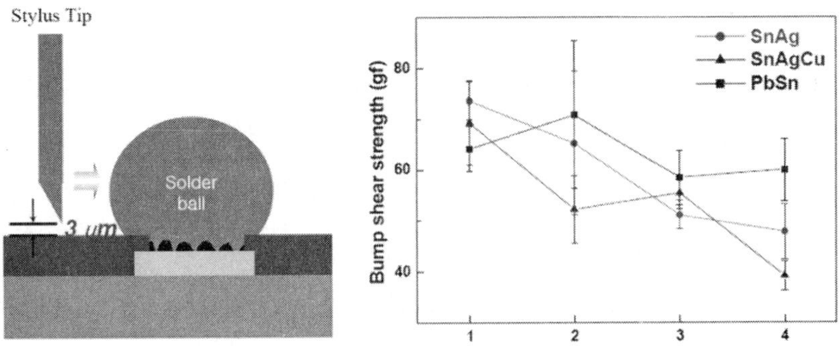

그림 7-27 볼 전단 테스트(Ball Shear Test)

3) 금속간화합물(Intermetallic Compound)에 따른 불량 모드

볼전단 테스트 시 솔더와 Pad 사이의 대표적인 전단 모드는 다음 그림과 같다. IMC가 충분히 잘 형성된 경우 유연한(Ductile) 솔더 내부로 잘라지게 되지만, IMC의 형성이 잘못되어 딱딱해지면(Brittle) IMC 사이 또는 IMC 계면에서 파단이 발생하게 된다.

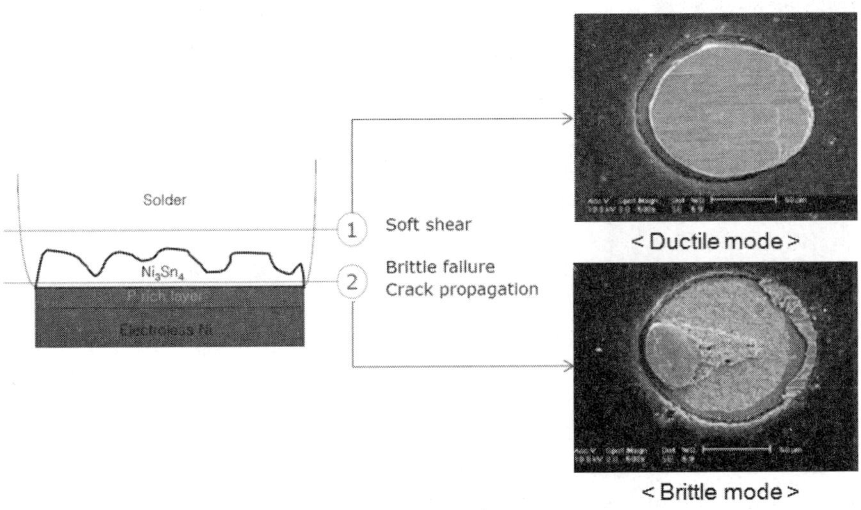

그림 7-28 볼전단 테스트 시 불량 모드

4) Copper pad finish

구리 Pad는 산화 방지와 접합력 증가를 위하여 표면처리를 한다. 대표적인 것은 니켈(Ni, Nickel)과 금(Au, Gold)을 도금하는 방법과, 유기물(OSP, organic solderability preservative)을 도포하는 방법이 있다. Ni/Au는 주로 무전해 도금으로 하며(ENIG, electroless nickel gold), OSP는 도금층이 필요없이 유기물을 도포해 두었다가, 솔더링 바로 전에 제거해주는 방법이다. 다음 도표는 각각의 형태 및 특징을 나타낸다.

표 7-9 Pad Finish

Side view	Description
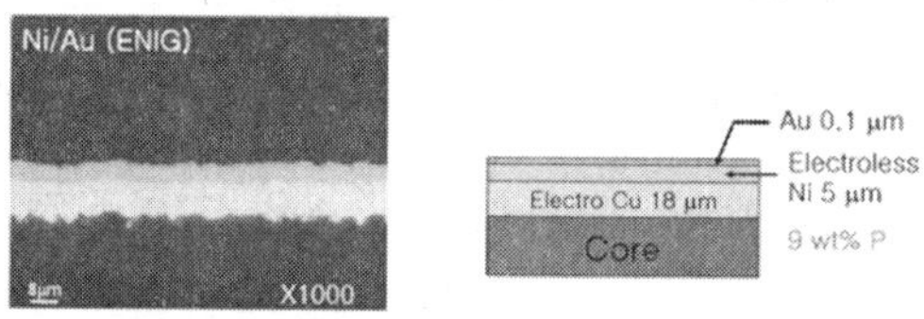	• Higher cost than electrolytic Ni/Au • Slow plating speed • Black pad issue(Due to P element)
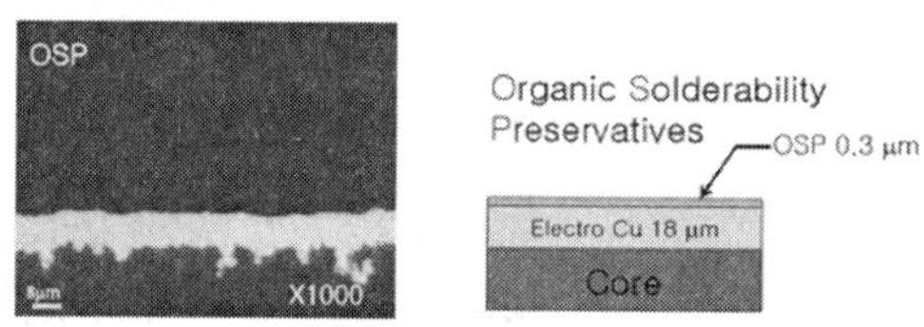	• Difficult to control quality • Need flux pre-cleaning process • Cu oxidation issue

연습문제

01 SBA가 이루어지는 공정 순서를 설명하시오.

02 SBA 공정에서 발생할 수 있는 불량의 종류에 대해 소개하고 설명하시오.

03 Solder Ball의 종류에 대해 설명하시오.

소우 앤 소터

(Saw & Sorter)

08

Chapter

08
Chapter

소우 앤 소터 (Saw & Sorter)

1. 공정개요 및 동작원리

리드프레임을 사용하는 반도체 소자는 웨이퍼를 개별 칩으로 자른 후 리드프레임/PCB 본딩, 와이어 본딩, EMC 몰딩, 트리밍(triming), 포밍(forming)의 개별화공정, 레이저를 사용하는 마킹(marking) 공정을 통해 완성된다.

현재 생산되는 패키지의 약 30%를 차지하는 BOC(Board On Chip), BGA(Ball Grid Array), QFN (Quad Flat No-lead), LGA(Land Grid Array)를 포함하는 다양한 패키지는 리드프레임 대신 PCB와 솔더볼을 사용하는 방식인데, 하나의 PCB 위에 여러개의 다이를 본딩하고 와이어 본딩을 한 후 PCB전체 몰딩하게 된다.

몰딩이 끝난 상태의 기판에는 수십 개, 또는 수백 개의 반도체 소자가 형성되어 있으므로 블레이드를 고속 회전시켜 여러개의 소자가 한번에 몰딩이 되어 있는 유닛을 개별화하는 소잉 공정을 진행하며, 제조 효율이 매우 높은 장점이 있다. 개별화된 패키지는 비전시스템을 사용하여 양품과 불량품을 구분해서 그 결과에 따라 트레이(tray)에 분류해 주는데 이러한 장비를 소터(sorter)라고 한다. 소우는 절단 사이즈를 용이하게 변경할 수 있기 때문에 다품종 소량 생산 시 금형에 의한 절단 방식에 비해 편리하게 사용할 수 있다.

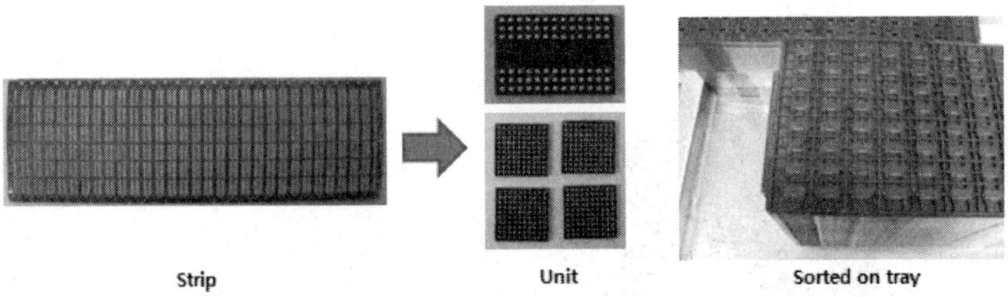

그림 8-1 몰딩 후 소팅과정

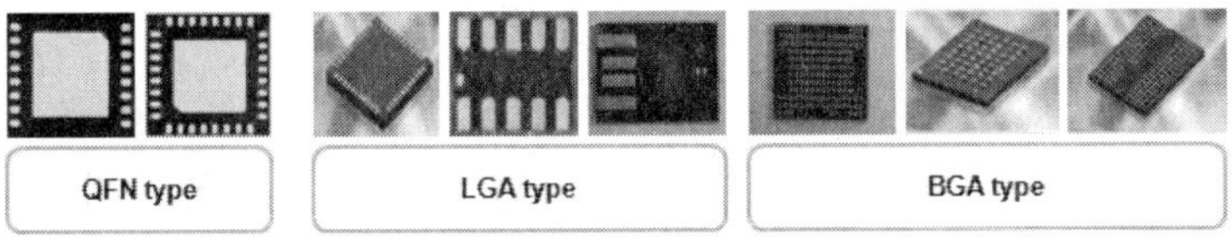

그림 8-2 여러 가지 패키지 유형

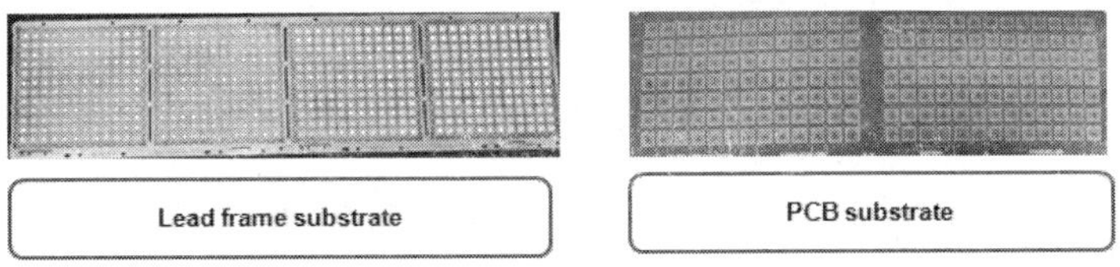

그림 8-3

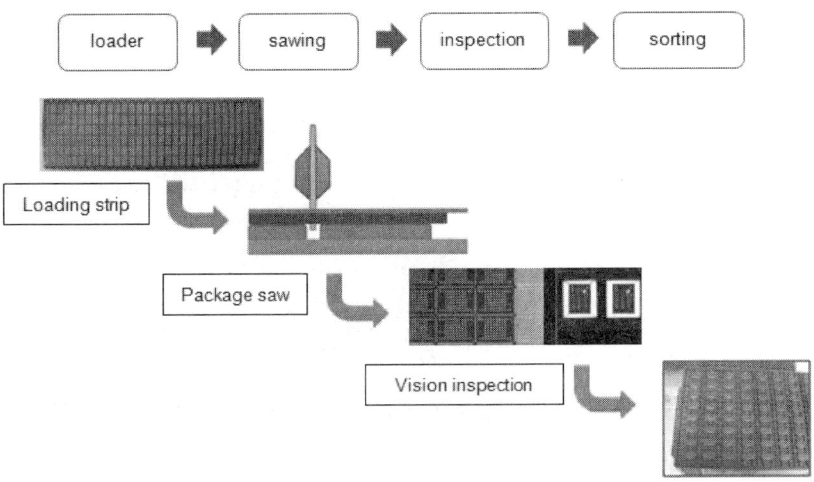

그림 8-4 소잉/소팅의 각 단계

그림 8-5 소터 동작모습

2. 장비의 구성

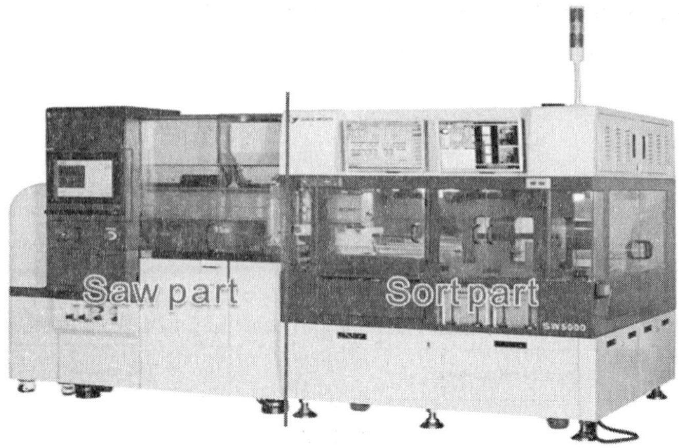

그림 8-6 Saw & Sorter 장비 외형

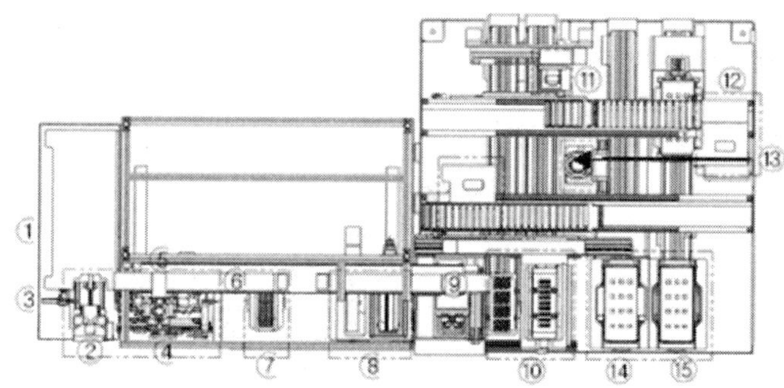

그림 8-7 장비구조 및 명칭

표 8-1 Saw & Sarfer 각 부분 명칭

No	명 칭(Saw 부분)	No	명 칭(Sorter 부분)
1	Magazine Loader	9	Strip Picker
2	Magazine Elevator	10	Reverse Table
3	Lead Frame Pusher	11	Vision Picker
4	In-let Rail	12	Chip Picker
5	Unit Picker	13	Ball Vision
6	X-Robot	14	Good Tray
7	척 테이블	15	Rework Tray
8	Brush Cleaner		

1) Saw 부분

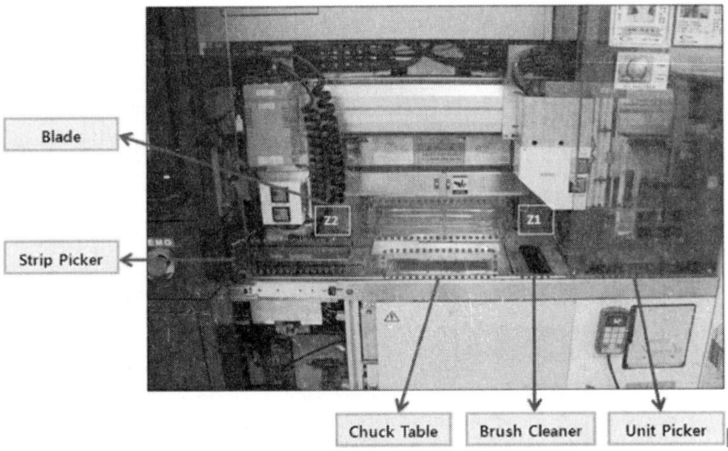

그림 8-8 Saw 각 부분 명칭

2) Sorter 부분

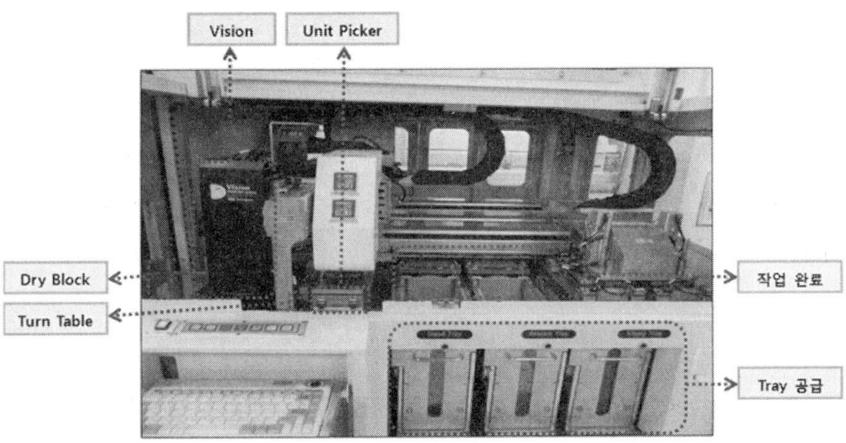

그림 8-9 Sorter 각 부분 명칭

3. 공정 순서

1) 웨이퍼 중심의 공정순서

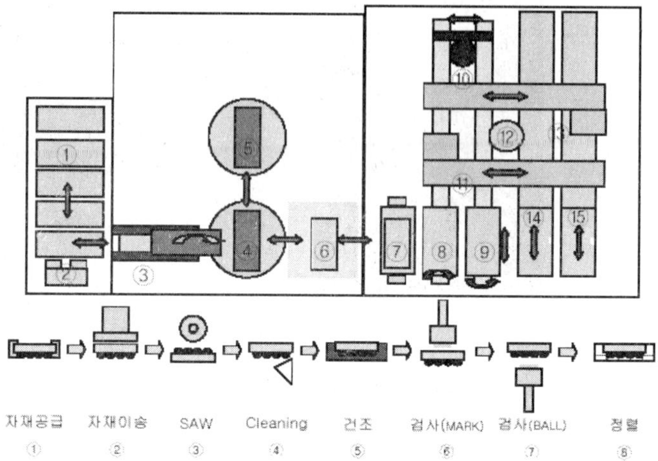

그림 8-10 공정순서도

(1) 자재 공급

몰딩이 완료된 상태의 PCB를 매거진(M/Z)에 담아 매거진 로더에 장착하고 이를 동작시켜 메거진 엘리베이터 구동부까지 이송 시킨다. 매거진에 로딩된 PCB는 엘리베이터의 작동에 의해 PCB를 푸싱할 수 있는 위치인 In-let Rail Insert 위치까지 자동 이송된다.

(2) 자재 이송

PCB 푸셔는 PCB를 In-let Rail부까지 이송시키고 PCB 도착 센서가 동작하면 Gripper가 작동되어 Strip 픽업 위치까지 이송한다. 픽업 위치에 도착된 PCB는 Unit Picker에 의해 척 테이블로 이송한다. X-로봇이 유닛 피커와 스트립 피커를 이동시킨다.

(3) 소잉(Sawing)

척 테이블에서 소잉이 진행되는 동안 유닛 픽커는 새로 공급된 PCB를 집어 올린다. 소잉이 완료되면 Strip 피커가 척 테이블로 다시 이동하여 완료된 패키지와 교체한다.

(4) 클리닝(Cleaning)

소잉이 끝난 PCB는 Strip 피커에 의해 크리너 부로 이송 후 클리닝 작업을 실시한다. 크리닝 작업이 완료되면 스트립 피커가 패키지를 Reversible Unit으로 이송 시킨다.

(5) 건조

체크가 완료된 패키지는 Reversible Table Base에서 Hot Air Blower로 물기를 건조하고, Strip 피커는 In-let Rail로 이동, 같은 동작을 반복한다. Reversible 피커에서 패키지가 180도 회전하여 Ball면이 위를 보고 있는 상태가 되고 Air Blower에 의해서 Ball면을 건조 시키고 턴 테이블에 패키지를 연계한다.

(6) 검사

팔렛 테이블에 위치한 패키지의 마킹면의 검사를 진행한다.

(7) 검사

마킹면의 검사가 완료된 패키지는 칩 피커에 의해서 볼 비전 검사위치로 이동해서 검사를 실시한다.

(8) 정렬

마킹 검사와 볼 검사과정을 통해서 얻어진 데이터로 Good 패키지와 Rework 패키지로 분류된다. 분류된 패키지는 칩 피커에 의해 Good Tray와 Rework Tray로 옮겨주는 과정을 되풀이 한다.

2) 장치(Unit)별 공정세부 흐름도

(1) Unloader 부

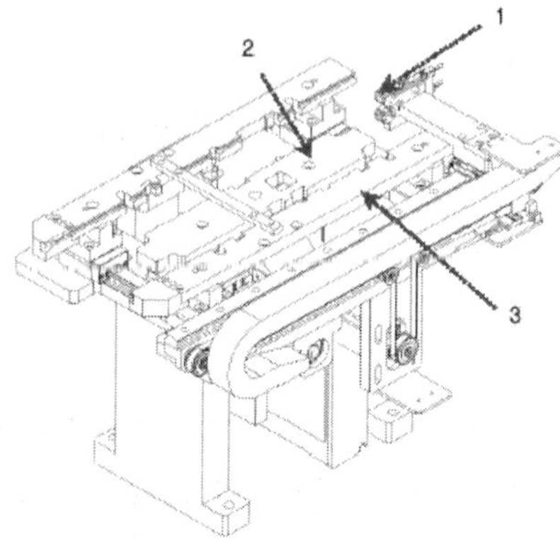

그림 8-11 Unloader부

No	명 칭	설 명
1	Gripper	L/F Pusher에 의해 이송된 Frame을 Pick Up Position Stopper까지 이송
2	Stage Block	Warpage 형상의 자재의 Pick-Up이 용이하도록 Cylinder를 이용 자재를 Push하는 역할 수행
3	Rail	자재가 Gripper에 의해 이송 시 Guide 되는 Rail

(2) 유닛 피커(Unit Picker)

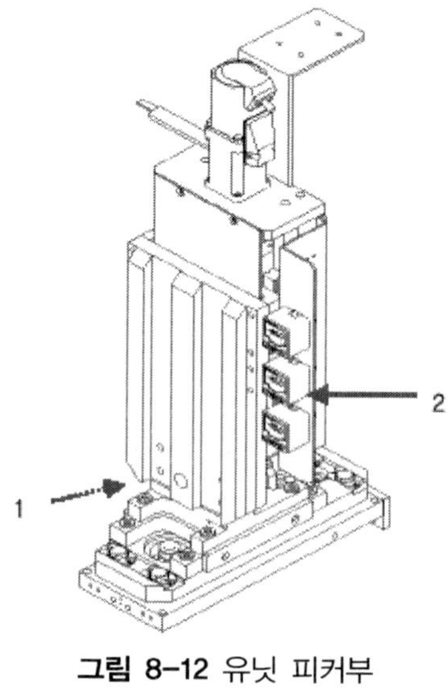

그림 8-12 유닛 피커부

No	명 칭	설 명
1	Unit Picker	In-let Rail에 위치한 L/F는 Unit Picker에 Pick Up되어 Sawing Machine Chuck Table에 놓이는 장치
2	Vacuum Sensor	Unit Picker가 자재를 Pick Up하는 과정에서 Vacuum 정도를 표시. 조절하는 Sensor

(3) 스트립 피커(Strip Picker)

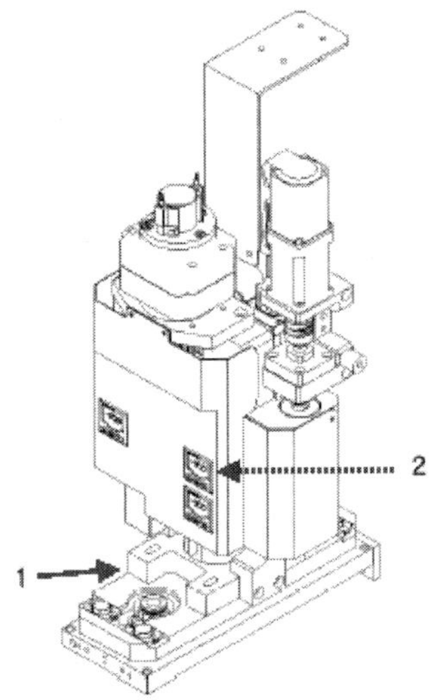

그림 8-13 스트립 피커부

No	명 칭	설 명
1	Strip Picker	Saw에 의해 잘려진 PKG을 Clean & Dryer 공정 후 Reversible Table로 옮기는 작업을 하는 장치
2	Vacuum Sensor	Strip Picker가 자재를 Pick Up하는 과정에서 Vacuum 정도를 표시. 조절하는 Sensor

(4) X-축 로봇(X-Axis Robot) 유닛

Unit picker, Strio Picker X－축 이송장치로 이송구간으로는 In－ler Rail, SAW의 척 테이블, Cleaner Unit, Reversible Unit 순으로 동작한다.

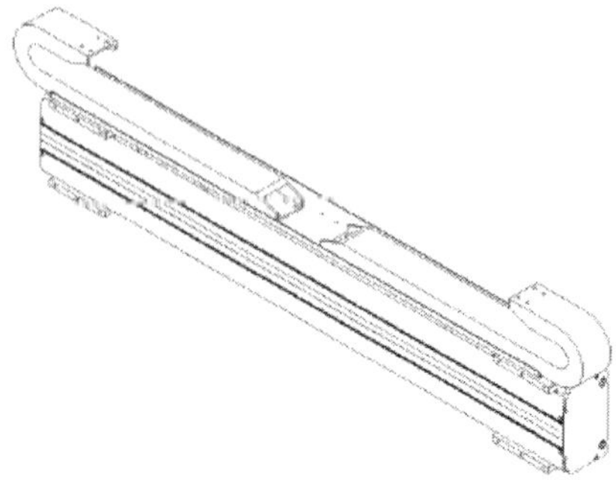

그림 8-14 X-축 로봇부

(5) 세정 유닛(Cleaner Unit)

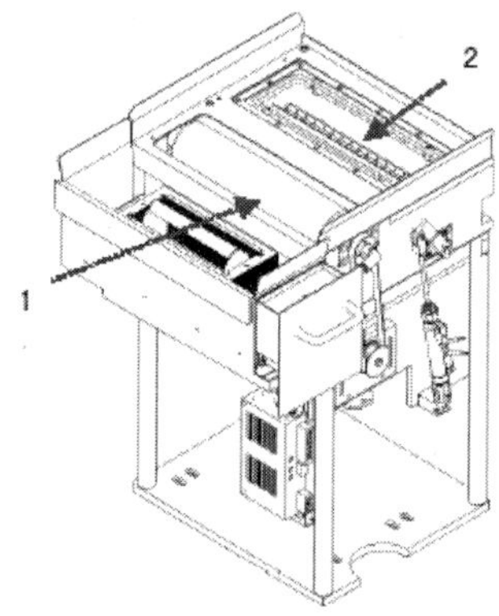

그림 8-15 세정 유닛

No	명 칭	설 명
1	Beush	SAWING Machine에서 개별화 된 PKG를 Strip Picker에 의해 Cleaner Unit으로 이동하여 D.I WARWE와 Brush를 이용해서 세척하는 역할
2	Air Nozzle	Cylinder에 의해 좌, 우 반복 이동하면서 Air을 이용해서 PKG에 묻은 물기를 제거하는 Nozzle

(6) 리버서블 유닛(Reversible Unit)

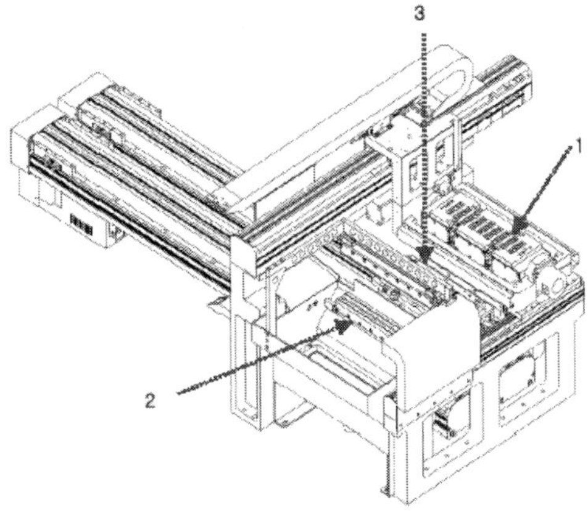

그림 8-16 리버서블 유닛

No	명 칭	설 명
1	R/S Table	Strip Picker에서 Ball Up 상태로 PKG를 받은 후 Cylinder 구동으로 회전하여 Ball Down 방식으로 Turn Table에 안착하는 역할을 함
2	Air Nozzle	Cylinder에 의해 좌, 우 반복 이동하면서 Air를 이용해서 PKG에 묻은 물기를 제거하는 Nozzle
3	Turn Nozzle	Dry를 마친 R/S Table에서 자재를 받은 후 Marking Vision Check 후 Chip Picker Pick-Up Position으로 이동

(7) 칩 피커 유닛(Chip Picker Unit)

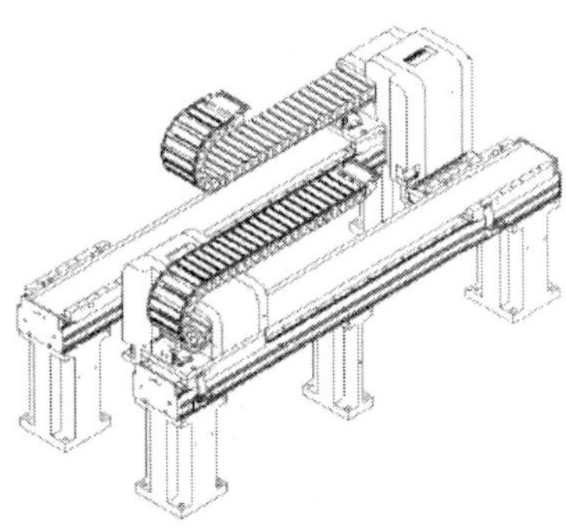

그림 8-17 칩 피커 유닛

No	명 칭	설 명
1	Chip Picker	Motor를 이용한 1축당 8열 구조로 구성되어 있음 Turn Table에서 PKG를 Pick-UP 후 Ball Vision 검사를 통해 PKG Good, Pework으로 구분하여 Tray Transfer에 안착하는 역할

(8) 검사(Ball)

세척과 건조작업이 완료된 PKG의 Ball 면을 검사한다.

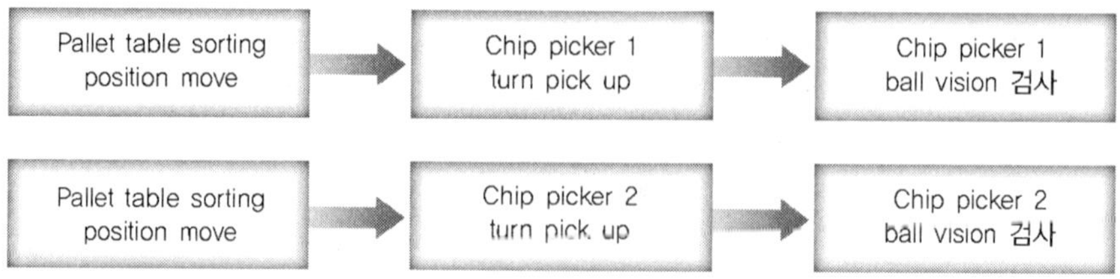

그림 8-18 검사 순서

(9) 정열

Turn Table에 위치한 PKG를 Vidion 검사 Data에 맞게 정열을 한다.

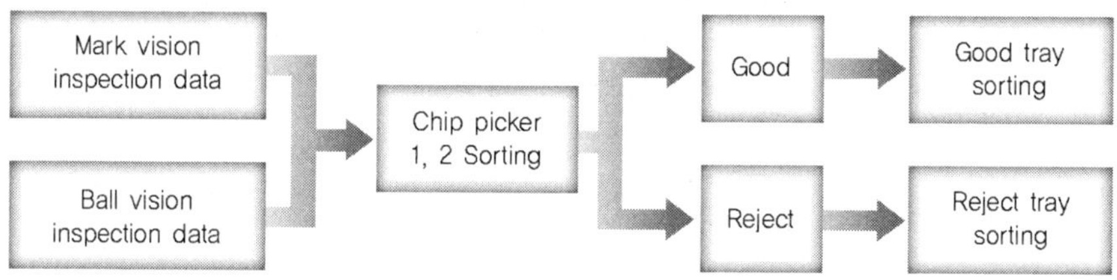

그림 8-19 정열 순서

(10) 트레이 로더 유닛(Tray Loader Unit)

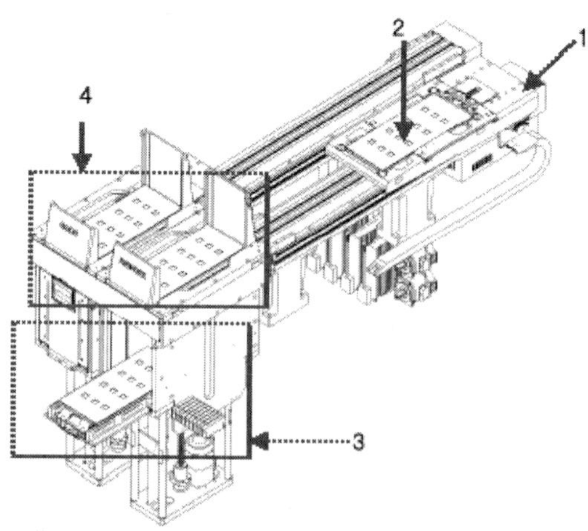

그림 8-20 트레이 로더 유닛

No	명 칭	설 명
1	Transfer Moving 부	Enply Tray를 전, 후 CLamp한 후 Servo Motor와 구동 Belt를 이용하여 Chip Picker에 의해 Pick-Up 된 PKG 적재를 할 수 있는 안착 이송장치
2	Tray	SAW ENGINE에 의해 개별화된 PKG를 담는 플라스틱 판
3	Tray Loader	Emply Tray 공급부분. 2열로 구성되어 있으며 한 열당 Tray 28장의 공급이 가능하다. Servo Motor와 구동 Belt 이용하여 Up-Down 구동하며 Tray를 공급하기 위해서는 장비 정면에 Tray Supply 스위치를 누른 후 손잡이 부분을 당겨서 Empty Tray를 공급하도록 한다.
4	Tray Unloader	Tray를 적재하는 부분. Transfer에 PKG가 안착된 Tray를 Servo Motor가 Up하면서 한 장씩 위로 적재하는 구조로 되어있다. Full Check Sensor가 Guide Block에 부착되어 있어 Full Tray 시 Alarm을 띄운다.

(11) 프레임 유닛(Frame Unit)

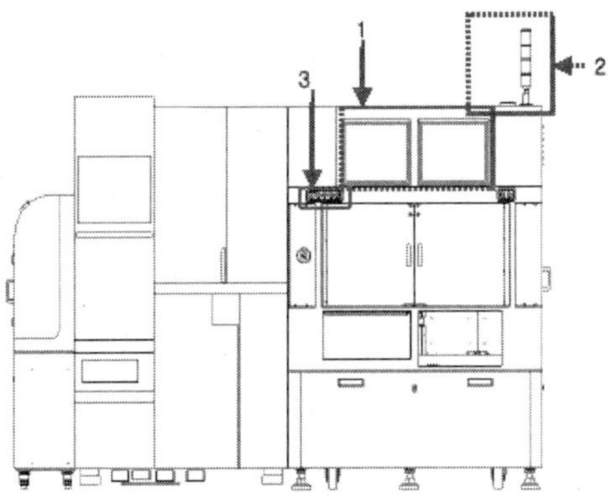

그림 8-21 프레임 유닛

No	명 칭	설 명
1	Industrial PC	Sorter 장비의 동작 프로그램을 제어하며 자동, 수동, 설정, Motor, 생산관리, 모델 등의 세부 항목을 관리할 수 있음
2	Tower Lamp	일반적 작동상태를 알려주며 사용자는 장비 근처가 아닌 곳에서 장비의 작동 상태를 체크할 수 있다.
3	Front Switch Panel	EMG, Auto, Start, Stop, Reset, Tray Supply Switch로 구성 됨

3) 모듈별 공정순서

No	명 칭	No	명 칭
1	매거진 로더(M/Z loader)	2	매거진 엘리베이터
3	PCB 푸셔(pusher)	4	인렛 레일(in-let rail)
5	유닛 피커(unit picker)	6	x-robot
7	척 테이블(척 테이블)	8	크리너(cleaner)
9	스트립 피커(strip pickcr)	10	리버스 테이블(reverse table)
11	비전 피커(vision picker)	12	칩 피커(chip picker)
13	볼 비전(ball vision)	14	양품 트레이(good tray)
15	불량품 트레이(rework tray)		

(1) 자재 공급부

① 매거진 로더 유닛(M/Z loader unit)

몰딩이 완료된 상태의 PCB를 매거진에 담아 매거진 로더에 장착하고 매거진 로드 벨트를 동작시켜 매거진 엘리베이터 구동부까지 이송한다.

② 매거진 엘리베이터 유닛(M/Z elevator unit)

매거진 가이드 실린더가 하강하여 매거진을 고정한 후 엘리베이터 모터에 의해 매거진을 PCB 푸셔 위치까지 자동으로 이동시킨다.

③ PCB 푸셔(PCB pusher)

로터리 실린더에 의해 매거진에서 한 프레임을 푸셔바로 밀어 인렛(in-let) 레일에 로딩한다.

④ 인렛 레일(in-let rail)

그리퍼에 의해 로딩된 PCB를 스트립 피커 로딩 위치로 이송한다.

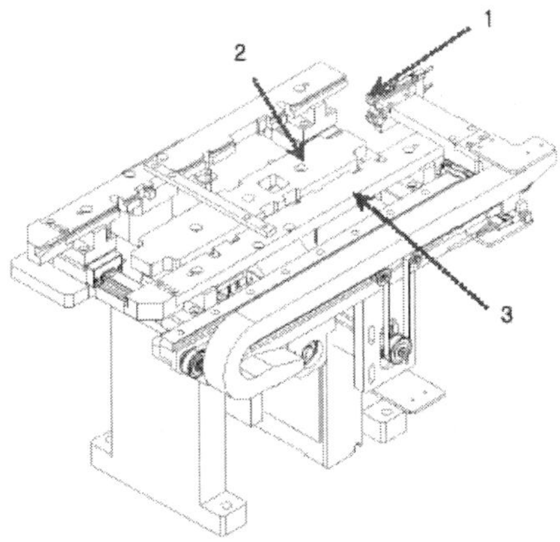

그림 8-22 인렛 레일(in-let rail)

(2) 절단부

① 유닛 피커(unit picker)

인렛 레일에 위치한 PCB를 소우 척 테이블로 이송하여, 소잉이 진행되는 동안 유닛 피커는 새로이 공급된 리드프레임을 집어 올린다.

② x-로봇(x-robot)

유닛 피커와 스트립 피커를 이동한다.

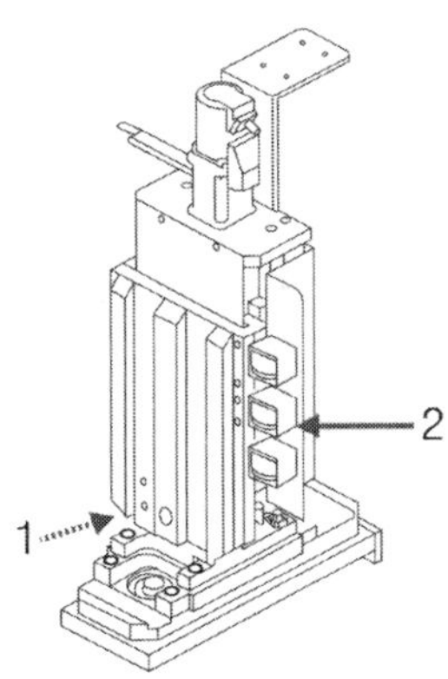

그림 8-23 x-로봇(x-robot)

③ 척 테이블(척 테이블)

소우 머신에서 스트립을 소잉하여 개별화 해주는 공간으로 패키지를 유닛화 해주는 보조장치이다.

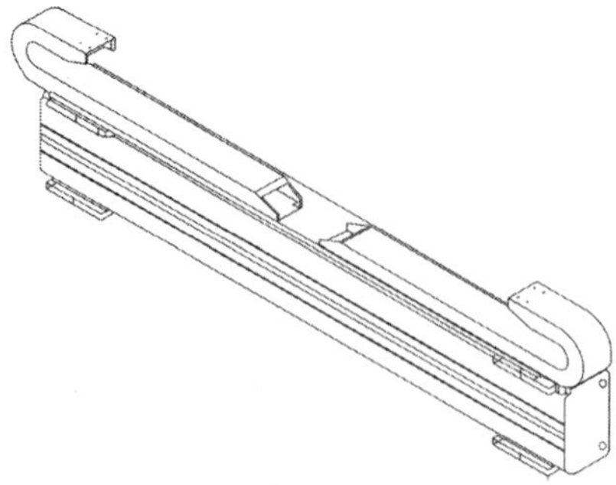

그림 8-24 척 테이블(척 테이블)

(3) 세척부

- 클리너(cleaner) : 컷팅 작업이 완료된 패키지를 공기, 물을 이용하여 크리닝 작업을 한다.

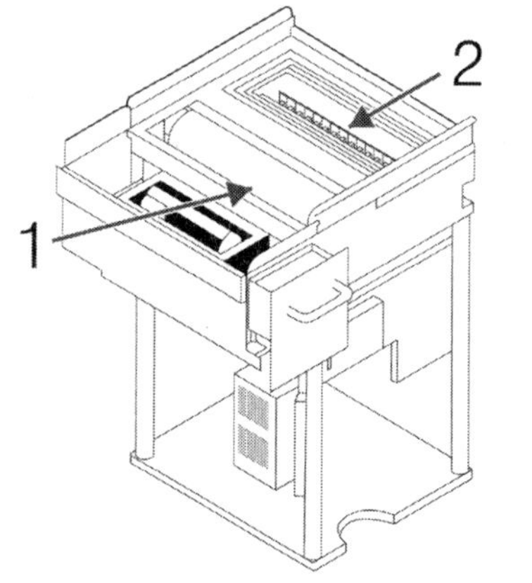

그림 8-25 클리너(cleaner)

(4) 건조부

① 스트립 피커(strip picker)

소잉이 끝난 PCB를 스트립 피커에 의해 클린부로 이송한 후 크리닝 작업을 실시하고, 크리닝 작업이 완료되면 스트립 피커가 패키지를 리버서블 유닛(reversible unit)으로 이송한다.

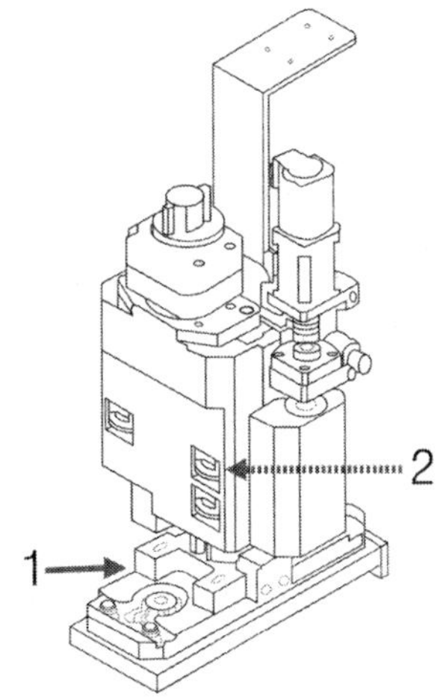

그림 8-26 스트립 피커(strip picker)

② 리버서블 유닛(reversible unit)

스트립 피커로부터 인계받은 패키지를 팔렛 테이블에 인계하여 건조하는 역할을 하며 180° 회전동작을 해서 패키지를 볼이 아래로 향하도록 위치시킨다.

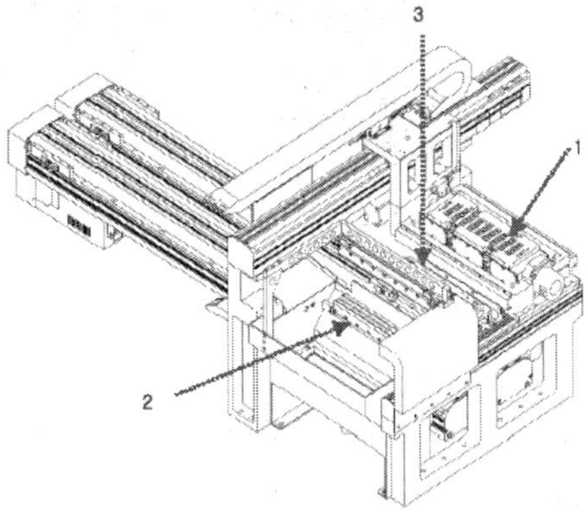

그림 8-27 리버서블 유닛(reversible unit)

③ 핫 에어 블로워(hot air blower)

리버서블 테이블(reversible table)에 위치한 패키지의 볼 부분에 남아 있는 물기를 뜨거운 공기로 제거한다.

(5) 검사부

① 비전 피커(vision picker)

팔렛 테이블에 위치한 패키지의 마킹면 검사를 진행하고, 마크 검사가 완료된 패키지는 칩 피커에 의해서 볼 비전 검사위치로 이동하여 볼 검사를 실시하며, 마킹 검사 정보는 볼 검사 정보와 함께 분석되어 양품, 불량으로 구분되며 칩 피커에 의해 소팅된다.

② 칩 피커(chip picker)

턴 테이블에 위치한 패키지를 볼/마킹 검사 정보에 의해 트레이에 소팅작업을 실시한다.

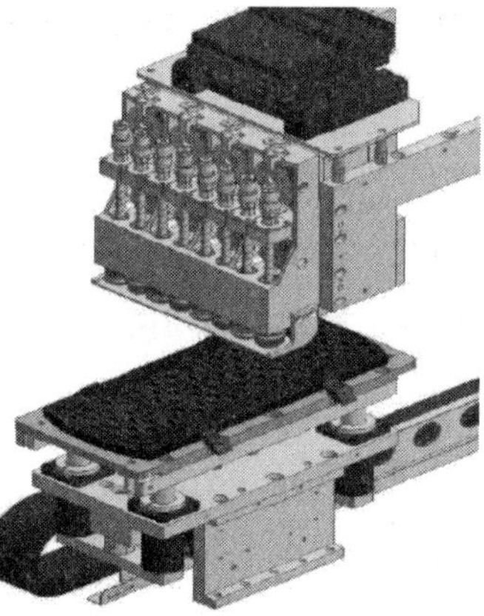

그림 8-28 칩 피커 (chip picker)

③ 턴 테이블(turn table)

리버서블 테이블(reversible table)로부터 인계받은 패키지를 건조한 후 마킹면 검사를 하여 소팅 위치로 이동시킨다.

④ 볼 비전(ball vision)

칩 피커에 위치한 패키지의 볼면 검사 진행한다.

⑤ 양품 트레이(tray)

검사결과가 양품 판정을 받은 패키지를 소팅한다.

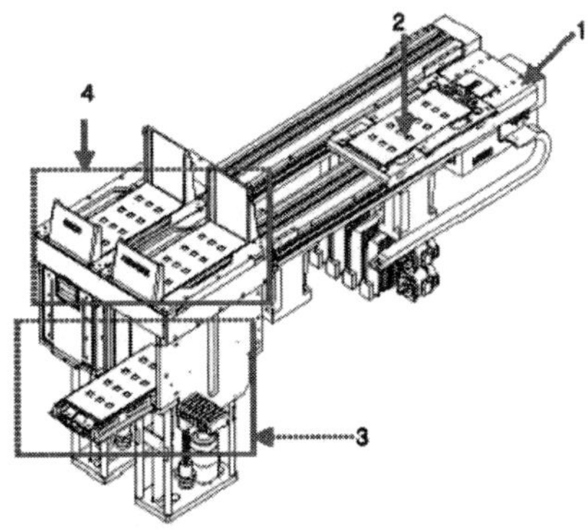

그림 8-29 양품 트레이

⑥ 불량품 트레이(tray)

검사결과가 불량 판정을 받은 패키지를 소팅한다.

⑦ 소우 머신(saw machine)

스트립을 블레이드를 이용하여 단품화 시켜 주는 장치이다.

SAW SORTER 설비 Loader부 Unit 명칭

순 번	설비 Unit 명칭	정 의	사 진
1	Elevator (엘리베이터)	Sawing 작업을 위해 Magazine에 있는 자재를 Rail로 운반하는 장치	

SAW SORTER 설비 Saw Handler부 Unit 명칭

순 번	설비 Unit 명칭	정 의	사 진
1	Blade (블레이드)	Blade가 장착되어있는 부분으로 Z1, Z2 2개의 BLADE가 존재	

순 번	설비 Unit 명칭	정 의	사 진
2	Strip Picker (스트립 피커)	Elevator에서 공급된 Strip을 Sawing 척 테이블에 공급하는 장치.	
3	척 테이블 (척 테이블)	Sawing 작업 동안 제품이 흔들리지 않도록 강한 진공으로 잡아 주는 장치	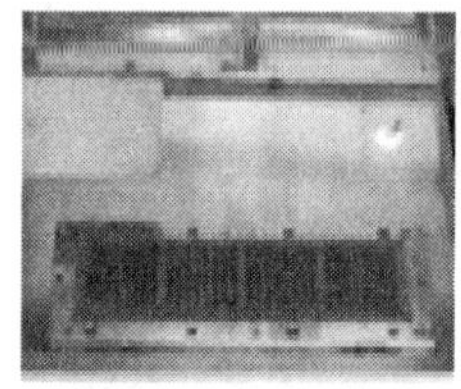
4	Brush Cleaner (브러쉬 클리너)	Sawing 작업이 끝난 제품에 묻은 이물질을 제거하는 장치	
5	Unit Picker (유닛 피커)	척 테이블 → Cleaner → Dry Block까지 자재를 이송하는 장치.	

순 번	설비 Unit 명칭	정 의	사 진
1	Vision (비전)	Saw가 완료된 자재를 Unit별 검사 진행하는 곳으로 M/K, GOOD, REJECT 선별하는 장치	
2	Unit Picker (유닛 피커)	Saw가 끝난 제품을 Turn Table로 옮기는 장치	

순 번	설비 Unit 명칭	정 의	사 진
3	Dry Block (드라이 블록)	가열된 Plate에 제품을 올려놓고 일반 에어를 분사하여 자재를 건조 시키는 장치	
4	Turn Table (턴 테이블)	Unit Picker에 이동 된 자재가 적재가 Vision 검사 부분으로 이동 시켜주는 장치로 회전이 가능.	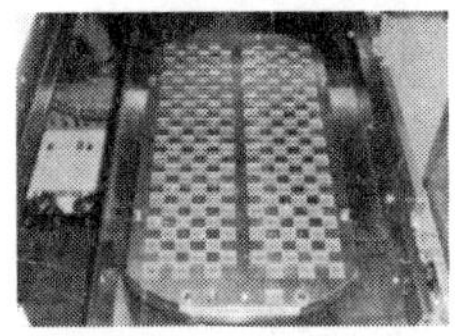
5	작업 완료	GOOD/REJECT으로 구분된 자재가 Tray에 Sorting되어 Out 되는 곳	
6	Tray 공급	검사 완료 된 Unit을 GOOD/REJECT 별로 Tray에 별도 Sorting 하기 위해 빈 Tray를 공급하는 곳	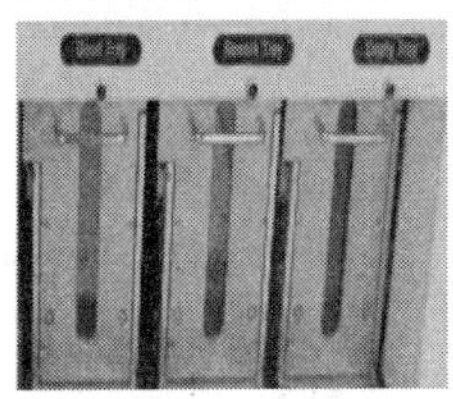

표 8-2 각 유닛별 명칭 및 역할

개발 부분 명칭	Unit 별 역할
M/Z Loading Part	Strip 공급 및 M/Z Stock
In-Let Rail	Strip 위치확인 및 정렬 공급
Loading Strip Picker	Strip을 Chuck Table에 공급하여 주는 장치
Chuck Table	Saw M/C에서 Strip을 PKG Unit화 시켜주는 보조장치
Cleaning(Bruch & Washing)	Unit화 된 PKG을 세척 시켜주는 장치
Unloading Strip Picker	Unit화 된 PKG을 Chunk Table에서 Reverse로 공급하는 장치
Dry & Reverse Dry+Reverse	PKG를 Dead Bug에서 Live Bug 변화해주고, 건조시켜주는 장치
1'st Vision	Mark & Dimension 검사
Pallet Table-1, 2	Unit화 된 PKG을 Pock-Up 할 수 있도록 정렬하는 장치
Dual rotate chip picker & robot	Unit화 된 PKG을 Pock-Up Tray에 만착 정렬
2'st Vision	Ball 관련 검사 및 PKG Align Datd 추출하는 기능
Tray transfer & 적재부(good)	불량 판정의 PKG을 적재해주는 장치
Tray transfer & 적재부(reject)	양, 불 판정의 PKG을 적재해주는 장치
Saw machine	Strip을 Blade을 이용하여 PKG Unit화 시켜주는 설비

4. 모듈별 기능

1) 소잉 모듈

10,000rpm 이상의 고속으로 회전하면서 몰딩된 PCB를 절단하는 모듈

2) 소잉 블레이드(sawing blade)

소우에서 기판을 절단하기 위해 사용되는 원형 톱날의 일종으로, 절단이 이루어지는 대상물에 따라 다른 종류의 블레이드를 사용한다.

3) 팔렛 테이블(pallet table-1, 2)

유닛화된 패키지를 픽업할 수 있도록 정렬하는 장치이다.

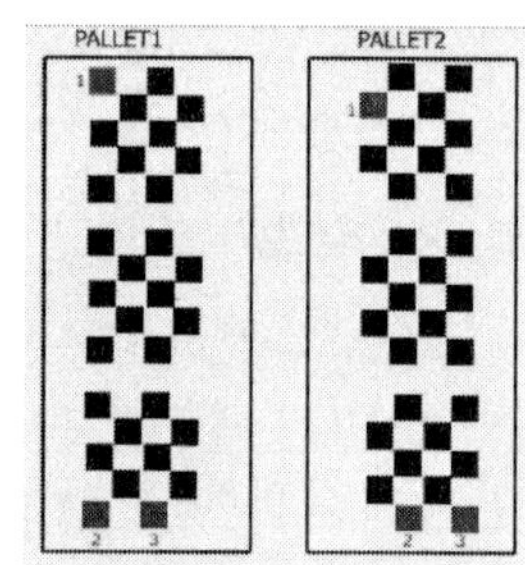

4) 트레이

비전 검사에 의해 소팅된 제품을 담는 용기

5. 공정 불량

1) 불량 명 : PKG miss-alignment(패키지 미스얼라인 먼트, 패키지 밀림)

(1) 발생원인

- 헤어 라인(HAIR LINE) 틀어 진 경우
- 척 테이블 VACUUM 풀어짐
- 다른 두께의 BLADE 적용
- MOLD FLASH 등으로 TARGET이 틀어 진 경우
- STRIP WARPAGE 발생 한 경우

(2) 불량사진

그림 8-30 miss-alignment 불량

2) 불량 명 : Count Variance(카운트 배리언스, 수량 차이)

(1) 발생원인

자재 겹침이나 빈 pocket(포켓) 설비 내 낙석 등으로 T-CARD, 실물의 수량이 일치하지 않는 경우

(2) 불량사진

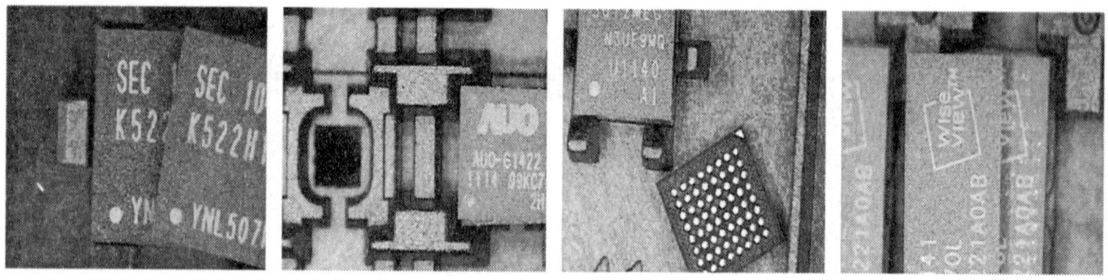

그림 8-31 count varianco 불량

3) 불량 명 : Orientation(패키지 방향 불일치, P1 방향 불일치)

(1) 발생원인

자재 정리 및 Dumping 시, P1 방향이 틀리게 안착된 경우

(2) 불량사진

그림 8-32 Orientation 불량

4) 불량 명 : X표 미 선별(리젝 미 선별)

(1) 발생원인

REJECT으로 표시 된 자재가 걸러지지 않은 경우

(2) 불량사진

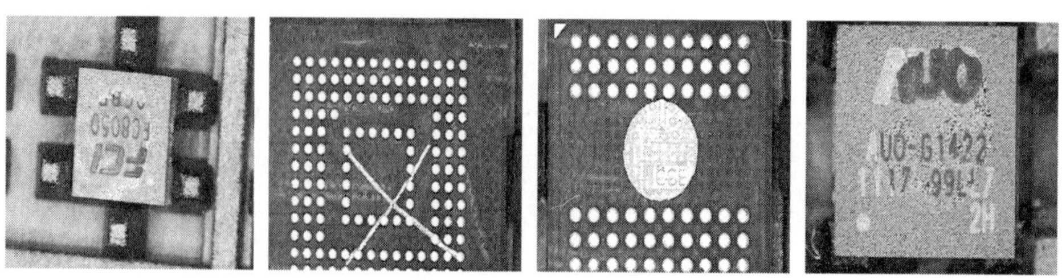

그림 8-33 X' 표 미 선별

5) 불량 명 : Coverage(커버리지=미 도금)

(1) 발생원인

- STRIP이나 UNIT 자재와의 부딪힘
- TRAY SORTING 시 정 위치 이탈로 눌리거나 미끄러진 경우
- TWEEZER HANDLING 부주의
- MOLD FLASH 발생 시
- 기타 오염 물질이 묻은 채 도금된 경우
- CARRIER나 M/Z 등 치 공구와 접촉한 경우

(2) 불량사진

그림 8-34 Coverage 불량

6) 불량 명 : Smear(스미어=구리 밀림)

(1) 발생원인

- BLADE 마모나 BROKEN 발생
- BLADE 조립이 정상적이지 않은 경우
- SAW SPEED가 적정하지 않은 경우
- HAIR LINE 틀어진 경우
- BLADE 원자재 불량

(2) 불량사진

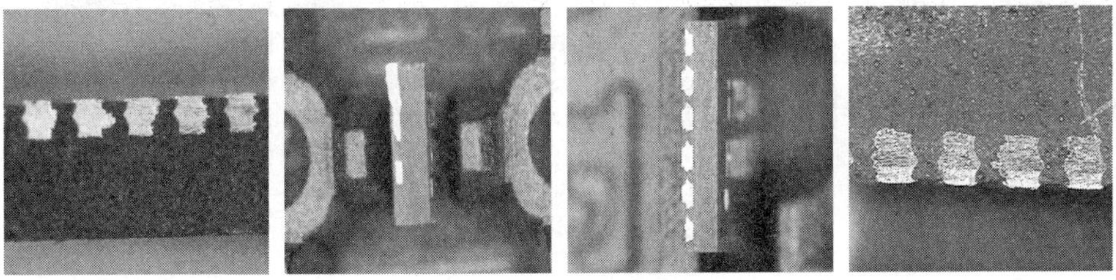

그림 8-35 Smear 불량

7) 불량 명 : Burr(버=찌꺼기)

(1) 발생원인

- BLADE 마모나 BROKEN 발생
- HAIR LINE 들어 진 경우
- BLADE 조립이 정상적이지 않은 경우
- SAW SPEED가 적정하지 않은 경우
- BLADE 원자재 성 불량

(2) 불량사진

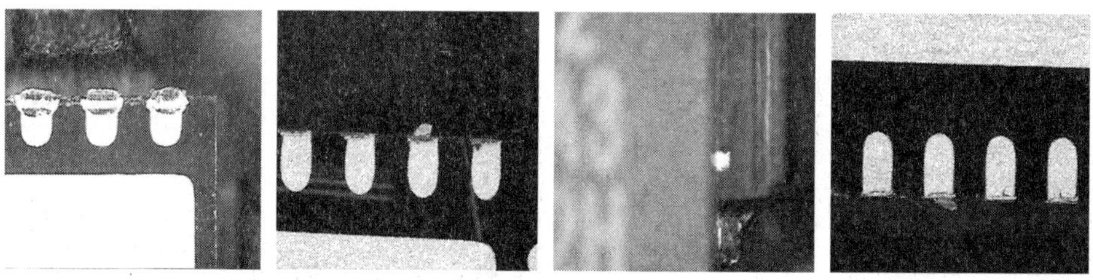

그림 8-36 버(Burr) 불량

8) 불량 명 : Dent(덴트=눌림)

(1) 발생원인

외부 힘에 의해 PCB 면이 눌린 경우

(2) 불량사진

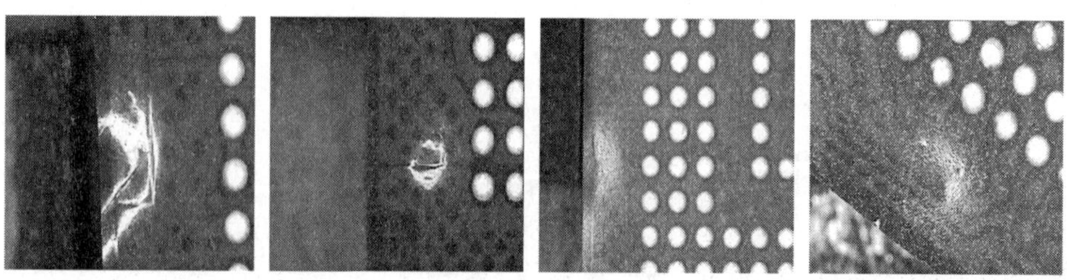

그림 8-37 덴트 불량

9) 불량 명 : Tin Flake

(틴 플레이크=도금 조각/도금 돌출)

(1) 발생원인

- 도금 시 도금 물질 등이 PKG에 덩어리로 묻은 경우
- 자재 끼리 긁힘이나 찍힘으로 도금이 밀린 경우
- TWEEZER 등 HANDLING MISS로 도금이 밀린 경우

(2) 불량사진

그림 8-38 틴 플레이크 불량

(10) 불량 명 : PKG Crack(패키지 크랙)

(1) 발생원인 : 자재 낙석

- PCB 면 이물질 미 제거로 인해 MOLD 작업 시 EMC와 접합면이 불안정한 경우
- TRAY SORTING 불안정으로 위치 이탈하여 압력으로 눌린 경우

(2) 불량사진

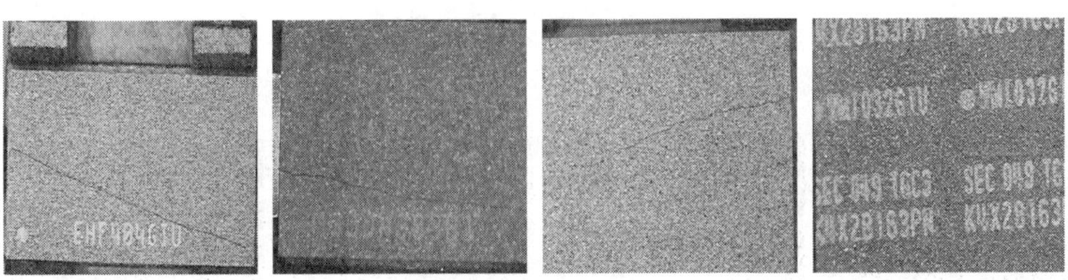

그림 8-39 크랙 불량

11) 불량 명 : PCB Broken(피씨비 브로큰=피씨비 깨짐)

(1) 발생원인 : 자재 낙석

- PCB 면 이물질 미 제거로 인해 MOLD 작업 시 EMC와 접합 면이 불안정한 경우
- TRAY SORTING 불안정으로 위치 이탈하여 압력으로 눌린 경우
- 자재 낙석 및 외부 힘으로 인해 PCB 면이 부서진 경우

(2) 불량사진

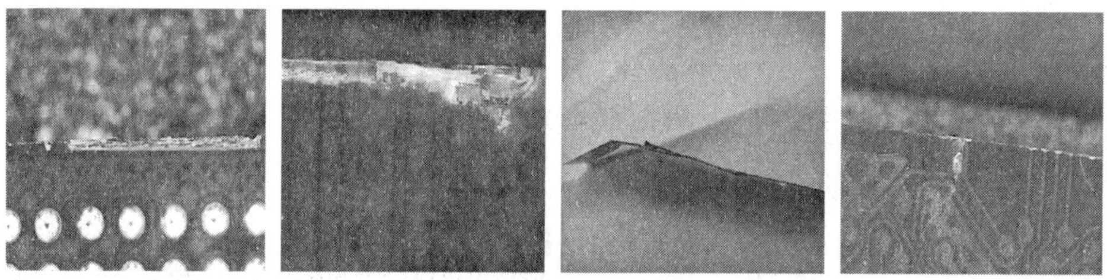

그림 8-40 깨짐 불량

12) 불량 명 : PCB Scratch(피씨비 스크래치=피씨비 긁힘)

(1) 발생원인

- STRIP 겹친 상태에서 움직임으로 인한 발생공정 작업 중 취급 부주의로 인한 발생
- 설비 오동작으로 자재 처리시 부주의로 발생
- CARRIER나 M/Z 등 치 공구와 격하게 접촉한 경우

(2) 불량사진

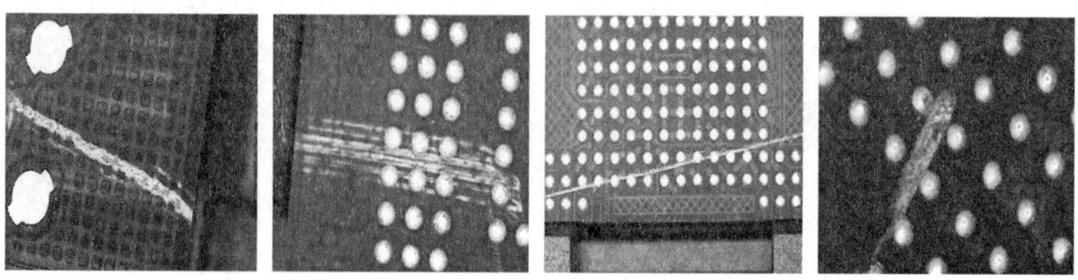

그림 8-41 PCB 스크래치 불량

13) 불량 명 : PKG Scratch(패키지 스크래치=패키지 긁힘)

(1) 발생원인

- STRIP 겹친 상태에서 움직임으로 인한 발생
- 공정 작업 중 취급 부주의로 인한 발생
- 설비 오동작으로 자재 처리시 부주의로 발생
- CARRIER나 M/Z 등 치공구와 격하게 접촉 한 경우

(2) 불량사진

그림 8-42 패키지 스크래치 불량

14) 불량 명 : PKG Broken(패키지 브로큰=패키지 깨짐)

(1) 발생원인 : 자재 낙석의 경우

- TRAY SORTING 불안정으로 위치 이탈하여 압력으로 인해 눌린 경우
- 설비 오동작으로 인해 설비 내 끼이거나 낙석된 경우

(2) 불량사진

그림 8-43 패키지 깨짐 불량

15) 불량 명 : Delamination(딜라미네이션=들뜸, 박리)

(1) 발생원인 : 자재 낙석

- PCB 면 이물질 미 제거로 인해 MOLD 작업 시 EMC와 접합면이 불안정 한 경우
- TRAY SORTING 불안정으로 위치 이탈하여 압력으로 눌린 경우
- 자재 낙석 및 외부 힘으로 인해 PCB 면이 부서진 경우

(2) 불량사진

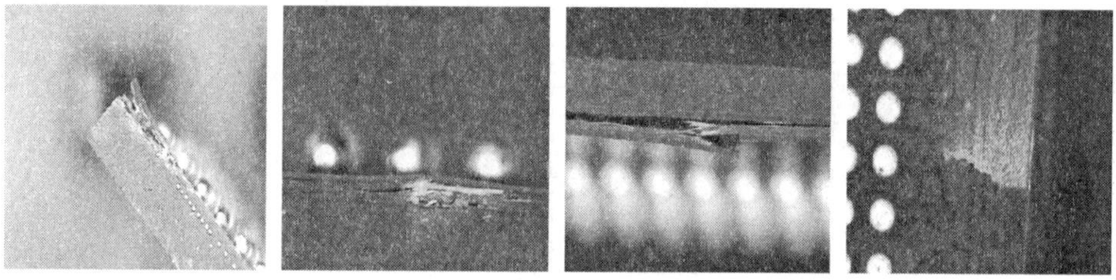

그림 8-44 딜라미네이션 불량

16) 불량 명 : Ball Damage(볼 손상)

(1) 발생원인

- TRAY SORTING 불안정으로 위치 이탈하여 외부 압력에 의해 눌린 경우
- 자재 HANDLING 시 TWEEZER 등의 취급 부주의 한 경우
- SST 작업 시 BALDE BROKEN이나 TARGET 불안정시
- IR 통과 된 STRIP이 2장 겹친 경우
- Ball Tool과 Eject Pin에 눌린 경우

(2) 불량사진

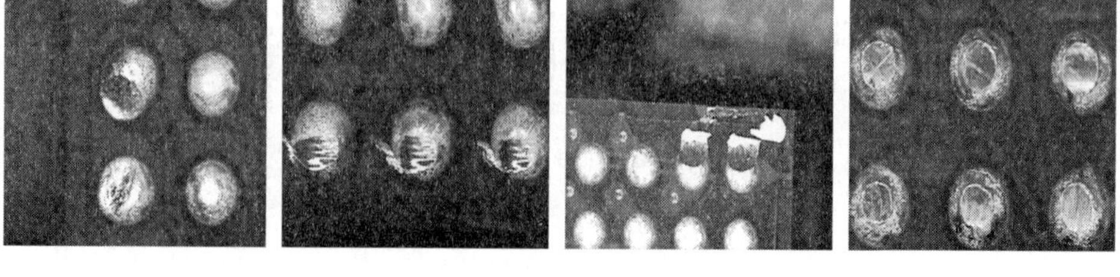

그림 8-45 볼 데미지 불량

17) 불량 명 : White Foreign Material(백화 현상)

(1) 발생원인

- SST 진행 시 BRUSH 횟수가 부족한 경우
- DI WATER(디아이 워터) 양이 부족한 경우

(2) 불량사진

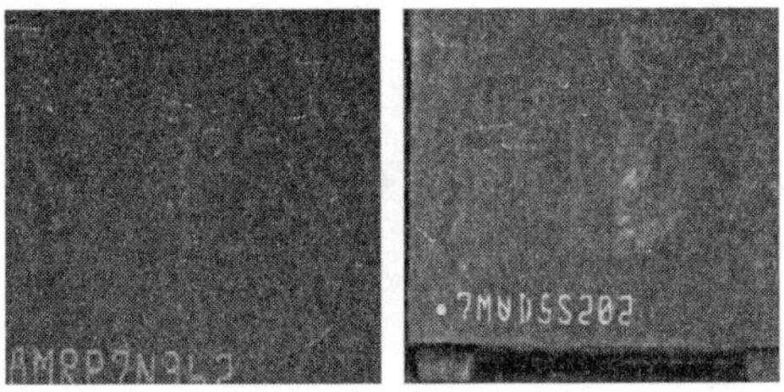

그림 8-56 백화현상

18) 불량 명 : Plating Discoloration(도금 변색)

(1) 발생원인

- 도금 진행 시 용액 오염 된 경우
- OIL이나 오염 물질이 묻은 경우
- 도금 후 건조가 덜 된 경우
- 오염 된 장갑으로 자재를 만진 경우

(2) 불량사진

그림 8-57 도금 변색 불량

연습문제

01 Saw와 Sorting 공정이 이루어지는 순서를 설명하시오.

02 Saw와 Sorting 공정에서 발생할 수 있는 불량의 종류에 대해 소개하고 설명하시오.

03 Saw와 Sorting 공정에서 사용되는 부품의 종류를 나열하고 설명하시오.

참고문헌

반도체 패키지(설계기술/공정기술편), pp.129~191, 김구성, 지비산업정보원, 2010
반도체 패키지(재료와신뢰성/신기술편), pp.21~67, 김구성, 지비산업정보원, 2010
Materials for Advanced Packaging, pp.113~179, D.Lu, C.P.Wong, Springer, 2009년

집 필 진

이 혁 (하나마이크론)
신 동 길 (KAIST)
김 덕 영 (부천대학교)
성 홍 석 (부천대학교)
이 종 성 (부천대학교)

감 수 진

정 우 양 (한국폴리텍대학)
김 병 수 (삼성전자 반도체사업부)

Semiconductor Backend Processing Equipment

반도체후공정장비

2판 3쇄 2026년 1월 20일

저 자	이 혁/신동길/김덕영/성홍석/이종성
감 수	정우양/김병수
발행인	송광헌
발행처	**복두(더)**
주 소	서울특별시 영등포구 경인로82길 3-4 센터플러스 807호 (우) 07371
전 화	02-2164-2580
FAX	02-2164-2584
등 록	1993. 11. 22. 제 10-902 호

정가 : 15,000원

ISBN : 979-11-6675-214-8 93560

한국과학기술출판협회 회원사